中国重要农业文化遗产系列读本

闵庆文　邵建成　◎丛书主编

U0255651

北京京西稻作文化系统

BEIJING JINGXI DAOZUO WENHUA XITONG

焦雯珺　杜振东　闵庆文　主编

中国农业出版社

农村读物出版社

图书在版编目（CIP）数据

北京京西稻作文化系统 / 焦雯珺，杜振东，闵庆文主
编. —北京：中国农业出版社，2017.8
（中国重要农业文化遗产系列读本 / 闵庆文，邵建
成主编）
ISBN 978-7-109-22795-8

Ⅰ.①北…　Ⅱ.①焦…②杜…③闵…　Ⅲ.①水稻栽
培—文化史—北京　Ⅳ.① S511-092

中国版本图书馆CIP数据核字（2017）第053016号

中国农业出版社出版
（北京市朝阳区麦子店街18号楼）
（邮政编码　100125）
文字编辑　胡键　吕睿
责任编辑　张丽四　芦建华

北京中科印刷有限公司印刷　新华书店北京发行所发行
2017年8月第1版　2017年8月北京第1次印刷

开本：710mm×1000mm　1/16　印张：9.75
字数：200千字
定价：49.00元
（凡本版图书出现印刷、装订错误，请向出版社发行部调换）

编写委员会

丛 书 主 编：闵庆文　邵建成

主　　　编：焦雯珺　杜振东　闵庆文

副 主 编：肖　勇　杨文淑　袁　正

编　　　委：孙雪萍　刘少慧　张碧天　岳升阳

　　　　　　王艳玲　侯晓博　申永锋　王武装

　　　　　　刘翠娟　佟国香　成欣星

丛 书 策 划：宋　毅　刘博浩　张丽四

我国是历史悠久的文明古国，也是幅员辽阔的农业大国。长期以来，我国劳动人民在农业实践中积累了认识自然、改造自然的丰富经验，并形成了自己的农业文化。农业文化是中华五千年文明发展的物质基础和文化基础，是中华优秀传统文化的重要组成部分，是构建中华民族精神家园、凝聚炎黄子孙团结奋进的重要文化源泉。

党的十八大提出，要"建设优秀传统文化传承体系，弘扬中华优秀传统文化"。习近平总书记强调指出，"中华优秀传统文化已经成为中华民族的基因，植根在中国人内心，潜移默化影响着中国人的思想方式和行为方式。今天，我们提倡和弘扬社会主义核心价值观，必须从中汲取丰富营养，否则就不会有生命力和影响力。"云南哈尼族稻作梯田、江苏兴化垛田、浙江青田稻鱼共生系统，无不折射出古代劳动人民吃苦耐劳的精神，这是中华民族的智慧结晶，是我们应当珍视和发扬光大的文化瑰宝。现在，我们提倡生态农业、低碳农业、循环农业，都可以从农业文化遗产中吸收营养，也需要从经历了几千年自然与社会考验的传统农业中汲取经验。实践证明，做好重要农业文化遗产的发掘保护和传承利用，对于促进农业可持续发展、带动遗产地农民就业增收、传承农耕文明，都具有十分重要的作用。

中国政府高度重视重要农业文化遗产保护，是最早响应并积极支持联合国粮农组织全球重要农业文化遗产保护的国家之一。经过十几年工作实践，我国已经初步形成"政府主导、多方参与、分级管理、利益共享"的农业文化遗产保护管理机制，有力地促进了农业文化遗产的挖掘和保护。2005年以来，已有11个遗产地列入"全球重要农业文化遗产名录"，数量名列世界各国之首。中国是第一个开展国家级农业文化遗产认定的国家，是第一个制定农业文化遗产保护管理办法的国家，也是第一个开展全国性农业文化遗产普查的国家。2012年以来，农业部分三批发布了62项"中国重要农业文化遗产"，2016年发布了28项全球重要农业文化遗产预备名单。2015年颁布了《重要农业文化遗产管理办法》，2016年初步普查确定了具有潜在保护价值的传统农业生产系统408项。同时，中国对联合国粮农组织全球重要农业文化遗产保护项目给予积极支持，利用南南合作信托基金连续举办国际培训班，通过APEC、G20等平台及其他双边和多边国际合作，积极推动国际农业文化遗产保护，对世界农业文化遗产保护做出了重要贡献。

当前，我国正处在全面建成小康社会的决定性阶段，正在为实现中华民族伟大复兴的中国梦而努力奋斗。推进农业供给侧结构性改革，加快农业现代化建设，实现农村全面小康，既要借鉴世界先进生产技术和经验，更要继承我国璀璨的农耕文明，弘扬优秀农业文化，学习前人智慧，汲取历史营养，坚持走中国特色农业现代化道路。《中国重要农业文化遗产系列读本》从历史、科学和现实三个维度，对中国农业文化遗产的产生、发展、演变以及农业文化遗产保护的成功经验和做法进行了系统梳理和总结，是对农业文化遗产保护宣传推介的有益尝试，也是我国农业文化遗产保护工作的重要成果。

我相信，这套丛书的出版一定会对今天的农业实践提供指导和借鉴，必将进一步提高全社会保护农业文化遗产的意识，对传承好弘扬好中华优秀文化发挥重要作用！

农业部部长
2017年6月

　　自有人类历史文明以来，勤劳的中国人民运用自己的聪明智慧，与自然共融
共存、依山而住、傍水而居，经过一代代努力和积累，创造出了悠久而灿
烂的中华农耕文明，成为中华传统文化的重要基础和组成部分，并曾引领世界农
业文明数千年，其中所蕴含的丰富的生态哲学思想和生态农业理念，至今对于国
际可持续农业的发展依然具有重要的指导意义和参考价值。

　　针对工业化农业所造成的农业生物多样性丧失、农业生态系统功能退化、农
业生态环境质量下降、农业可持续发展能力减弱、农业文化传承受阻等问题，联
合国粮农组织（FAO）于2002年在全球环境基金（GEF）等国际组织和有关国家
政府的支持下，发起了"全球重要农业文化遗产（GIAHS）"项目，以发掘、保
护、利用、传承世界范围内具有重要意义的，包括农业物种资源与生物多样性、
传统知识和技术、农业生态与文化景观、农业可持续发展模式等在内的传统农业
系统。

　　全球重要农业文化遗产的概念和理念甫一提出，就得到了国际社会的广泛响
应和支持。截至2014年年底，已有13个国家的31项传统农业系统被列入GIAHS保

护名录。经过努力，在2015年6月结束的联合国粮农组织大会上，已明确将GIAHS工作作为一项重要工作，纳入常规预算支持。

中国是最早响应并积极支持该项工作的国家之一，并在全球重要农业文化遗产申报与保护、中国重要农业文化遗产发掘与保护、推进重要农业文化遗产领域的国际合作、促进遗产地居民和全社会农业文化遗产保护意识的提高、促进遗产地经济社会可持续发展和传统文化传承、人才培养与能力建设、农业文化遗产价值评估和动态保护机制与途径探索等方面取得了令世人瞩目的成绩，成为全球农业文化遗产保护的榜样，成为理论和实践高度融合的新的学科生长点、农业国际合作的特色工作、美丽乡村建设和农村生态文明建设的重要抓手。自2005年"浙江青田稻鱼共生系统"被列为首批"全球重要农业文化遗产系统"以来的10年间，我国已拥有11个全球重要农业文化遗产，居于世界各国之首；2012年开展中国重要农业文化遗产发掘与保护，2013年和2014年共有39个项目得到认定，成为最早开展国家级农业文化遗产发掘与保护的国家；重要农业文化遗产管理的体制与机制趋于完善，并初步建立了"保护优先、合理利用，整体保护、协调发展，动态保护、功能拓展，多方参与、惠益共享"的保护方针和"政府主导、分级管理、多方参与"的管理机制；从历史文化、系统功能、动态保护、发展战略等方面开展了多学科综合研究，初步形成了一支包括农业历史、农业生态、农业经济、农业政策、农业旅游、乡村发展、农业民俗以及民族学与人类学等领域专家在内的研究队伍；通过技术指导、示范带动等多种途径，有效保护了遗产地农业生物多样性与传统文化，促进了农业与农村的可持续发展，提高了农户的文化自觉性和自豪感，改善了农村生态环境，带动了休闲农业与乡村旅游的发展，提高了农民收入与农村经济发展水平，产生了良好的生态效益、社会效益和经济效益。

习近平总书记指出，农耕文化是我国农业的宝贵财富，是中华文化的重要组成部分，不仅不能丢，而且要不断发扬光大。农村是我国传统文明的发源地，乡土文化的根不能断，农村不能成为荒芜的农村、留守的农村、记忆中的故园。这是对我国农业文化遗产重要性的高度概括，也为我国农业文化遗产的保护与发展指明了方向。

　　尽管中国在农业文化遗产保护与发展上已处于世界领先地位，但比较而言仍然属于"新生事物"，仍有很多人对农业文化遗产的价值和保护重要性缺乏认识，加强科普宣传仍然有很长的路要走。在农业部农产品加工局（乡镇企业局）的支持下，中国农业出版社组织、闵庆文研究员担任丛书主编的这套"中国重要农业文化遗产系列读本"，无疑是农业文化遗产保护宣传方面的一个有益尝试。每本书均由参与遗产申报的科研人员和地方管理人员共同完成，力图以朴实的语言、图文并茂的形式，全面介绍各农业文化遗产的系统特征与价值、传统知识与技术、生态文化与景观以及保护与发展等内容，并附以地方旅游景点、特色饮食、天气条件。可以说，这套书既是读者了解我国农业文化遗产宝贵财富的参考书，同时又是一套农业文化遗产地旅游的导游书。

　　我十分乐意向大家推荐这套丛书，也期望通过这套书的出版发行，使更多的人关注和参与到农业文化遗产的保护工作中来，为我国农业文化的传承与弘扬、农业的可持续发展、美丽乡村的建设做出贡献。

　　是为序。

中国工程院院士

联合国粮农组织全球重要农业文化遗产指导委员会主席

农业部全球/中国重要农业文化遗产专家委员会主任委员

中国农学会农业文化遗产分会主任委员

中国科学院地理科学与资源研究所自然与文化遗产研究中心主任

2015年6月30日

　　京西水稻的种植历史可追溯至西周时期，到元明时期形成了"宛然江南风气"的迤逦景观。进入清代以后，特别是在康熙、雍正、乾隆三位清朝帝王的大力支持下，京西水稻田成为了清廷的御稻田，并构成了"三山五园"的天然画卷。因此，谈到京西水稻就绕不开它鲜明的皇家特色。清代《畿辅通志》记载，康熙皇帝在丰泽园稻田巡视时发现一株高出众稻的成熟稻穗，便将这株早熟的稻穗摘下来，经过十年复种，培育出早熟品种"御稻米"，后这一品种在京西及各地得到推广，成为当时京西稻的主要品种，康熙皇帝所创的这种育种技术即为大名鼎鼎的"一穗传"。康熙帝在海淀亲自开辟"官田"种植京西稻，则寄寓着他及其身后数位清帝"以农为本"的治国理念。作为清皇帝祭祀祖陵途中的休憩之处，房山是京西水稻种植的另一重要区域，皇帝曾在行宫休憩之时观赏房山稻田景色，留下诗词数篇并御笔留迹。当地出产的"御塘稻"有"七蒸七晒，色泽如初"之说，被康熙皇帝钦定为"贡米"。清时还在此地建有"御米皇庄"，并派专人监管"御塘稻"的生产。海淀的京西稻文化与房山的京西贡米文化一起构成了北京京西稻作文化系统，并于2014年被农业部列入第三批中国重要农业文化遗产（China-

NIAHS）。如今，从农业文化遗产的角度来认识京西水稻的种植，会发现它不仅有深刻的皇家烙印，更是传统水稻品种的资源库，是健康和谐的完整生态系统。传统的稻作技术在这里传承，深厚的稻作文化在这里积淀，精美的山水田园景观在这里呈现。

为了让广大读者也能深入了解这一重要农业文化遗产，本书从八个方面对北京京西稻作文化系统进行了全面介绍，旨在提高读者对农业文化遗产及其价值的认识和对中国传统农业文化的保护意识。其中，"引言"概述了北京京西稻作文化系统的基本情况；"源远流长的稻作历史"介绍了京西稻作文化系统的起源与演变以及皇家文化对京西稻作文化系统的影响；"生态和谐的稻作系统"介绍了京西水稻的品种资源以及京西稻作文化系统中的重要生态产品和生态功能；"充满智慧的稻作技术"从传统技术、传统工具和传统知识三个方面再现了京西水稻的生产过程；"积淀深厚的稻作文化"展示了与京西稻作文化相关的民俗节庆、民间艺术、饮食文化等；"独特精美的稻作景观"则由山水田园湿地景观、景致宛若江南水乡和三山五园天然画卷三个部分组成；"面向未来的发展之路"介绍了北京京西稻作文化系统面临的威胁与挑战以及保护与发展对策；"附录"部分介绍了遗产地旅游资讯、遗产地大事记及全球/中国重要农业文化遗产名录。

本书是在北京京西稻作文化系统农业文化遗产申报文本和保护与发展规划基础上，通过进一步调研编写完成的，是集体智慧的结晶。全书由闵庆文、焦雯珺设计框架，闵庆文、焦雯珺、杜振东、袁正、肖勇、杨文淑统稿。编写过程中，得到了李文华院士等专家的具体指导、农业部农产品加工局、北京市农业局、海淀区农委、房山区种植业服务中心、海淀区京西稻研究会等单位和部门有关领导的大力支持，在此一并表示感谢！

本书编写过程中，参阅了许多颇有意义的文献资料，限于篇幅，恕不一一列出，敬请谅解。由于水平有限，难免存在不当之处，敬请读者批评指正。

编者

2016年12月16日

　　北京稻作的起源至少可追溯至西周时期。史书对于北京地区的水稻种植多有记载。《周礼·职方氏》记载："幽州……谷宜三种"，对这三种谷物，汉郑玄注为"黍、稷、稻"。东汉始有北京开垦种植水稻历史的明确记录。《后汉书·张堪传》"匈奴尝以万骑入渔阳，堪率数千骑奔击，大破之，郡界以静。乃于狐奴开稻田八千余顷，劝民耕种，以致殷富。百姓歌曰：'桑无附枝，麦穗两歧。张君为政，乐不可支。'"记载了东汉时张堪任渔阳太守并在北京地区开垦稻田的历史。明代时孙承泽编撰的《天府广记·水利》记载了金宣宗贞祐年间在中都周围开辟水田的状况，"粳稻之利，几如江南。"

狐奴山张堪庙沙盘（黄礼/摄）

元明时期，京西的水稻种植得到了官府的支持，曾引南方人从事耕种。特别是明代，海淀玉泉山一带的水稻种植得到了大规模发展。明朝迁都北京后，周边的稻作生产地开始供应宫廷。清朝时，于京师设营田府，以永定河水淤土肥田，大量植稻，即为清初朝廷建的"御米皇庄"。京西水稻得到多位皇帝的推广，形成了以"御稻米"和"紫金箍"等品种为代表的京西稻稻作文化（海淀）和以石窝"御塘稻"等品种为代表的京西贡米稻作文化（房山）。新中国成立后，京西稻专入西直门粮库特供仓，满足中央领导举办国宴和招待外宾的需求。

航拍稻田景观（上庄镇/提供）

位于海淀区的京西稻保护区，是一颗镶嵌在华北大地上的农耕文化的"明珠"，是点缀在首都北京的流光宝石，是华北平原上难得的水乡湿地，是元明时期勾人乡愁的微缩江南景致，是清代皇室"三山五园*"的重要组成部分。

房山京西贡米保护区是北京水稻种植的另一个重点区域。"御塘稻"种植依赖泉水灌溉，稻米生长期平均在200天以上。生产出的大米品质优良，富含人体所需的大量和微量元素，耐蒸煮，"七蒸七晒，色泽如初"，明清时为御贡米。良好的汉、满传统稻作文化在区内得到保留，"御米皇庄"的贡米文化和平民稻作文化相得益彰。区内湿地水域得到合理利用，形成稻田与淡水泉、河流、湖泊、草本沼泽、库塘相协共建的湿地景观。当地农民因地制宜，在平原地区充分利用泉涌，实现了平

---

* 注：三山五园是北京西郊一带皇家行宫苑囿的总称，主要指香山、万寿山、玉泉山、清漪园、静宜园、静明园、畅春园和圆明园。

三山五园图（岳升阳/提供）

房山京西贡米保护区（闵庆文/摄）

原稻田的自流灌溉。

由海淀京西稻保护区与房山京西贡米保护区共同组成的北京京西稻作文化系统，系住了北京人的记忆和乡愁。该系统的保护与发展被视为北京市农业生态文明建设的重要内容，并将在京津冀协同发展中对区域生态农业发展与活态遗产保护起到示范作用。然而，受到水资源短缺、劳动力结构不均衡、北京城市发展中农业功能的衰减、京津冀地区生态环境保护政策等因素的影响，北京京西稻作文化系统的保护与发展面临稻田面积急剧减小、农民继续种植水稻的意愿不足、传统农耕文化极速流失等一系列挑战。

尽管如此，北京京西稻作文化系统依然有着不可小觑的历史文化价值和生态环境价值。为了抢救性地保护这一濒危的活态遗产，更好地促进传统农业系统的保护与传统农耕文化的传承，农业部于2015年将北京京西稻作文化系统列入第三批中国重要农业文化遗产（China-NIAHS）名录。

海淀京西稻保护区石碑（海淀农委/提供）

房山京西贡米保护区石碑（房山种植业服务中心/提供）

源远流长的
稻作历史

一

北京京西稻作文化系统

（一）
悠久的历史起源

1. 海淀稻作的起源与演变

　　古时海淀泉多泊阔，与东汉时期"清泉横溢、绿水漫流"的狐奴县（今北京顺义前鲁各庄为核心）地貌相似、气候相宜，两地直线距离仅40多千米，再加上8千顷*的稻田面积，可推测海淀的种稻年代与顺义应相差不大。

顺义狐奴山下水稻图（黄礼/摄）

———————————————
* 1顷≈6.67公顷

曹魏嘉平二年（250年），镇北将军刘靖修戾陵堰，灌溉蓟城南北的稻田，范围包括今海淀地区。唐代，幽州城西北郊为当时水稻种植的主要地区之一。金宣宗贞祐年间，人们在中都周围开辟水田。元明时期，京西水稻种植得到官府支持，曾引南方人从事耕种。特别是明代，海淀玉泉山一带水稻种植得到大规模发展，瓮山泊旁"水田棋布"，功德寺外"田水浩浩"，丹棱沜（pàn）中"沈洒种稻"，米万钟的勺园北面更是"稻畦千顷"，海淀地区"宛然江南风气"。

明《入跸图》中的玉泉山下稻田（台北故宫博物院藏）（岳升阳/提供）

清代，京西水稻得到多位皇帝的推广，进入皇家御稻田时期。康熙皇帝亲自育种，设置稻田厂管理当地稻田；雍正皇帝将当地稻田转归奉宸苑管理；乾隆皇帝兴建水利工程，带动稻田开发。由于皇帝的大力提倡和引进新技术新品种，海淀的水稻种植发展迅速，品种以康熙的"御稻米"和乾隆的"紫金箍"为主，面积和产量都有大幅度的提高，成为京西稻最主要的产区。同时，与皇家园林建设结合，使京西水稻具有了园艺化的种植特点。

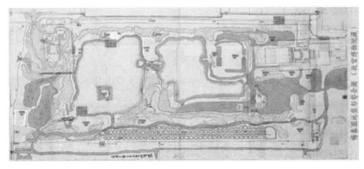

畅春园内稻田分布（图中串珠状区域）（故宫博物院藏）

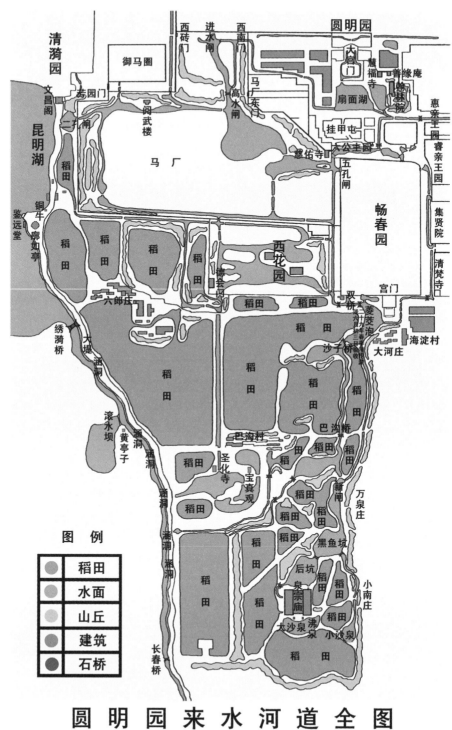

圆明园来水河道全图

圆明园来水河道图（圆明园管理处/提供）

　　这一时期，人们不仅在御园周围种植水稻，也在园中开辟稻田。畅春园西部、圆明园耕云堂、丰乐轩、多稼轩、陇香馆、省耕别墅等都有稻田。除稻田外，还长有莲藕、菱角、荸荠、慈姑、芦苇等水生植物。人们在玉泉山玉河与稻田旁种植油菜，乾隆曾乘舟赏花观稻并多次赋诗。由明至清，朝廷利用六郎庄出产的"白莲花"和玉泉山泉水为原料，生产著名的"玉泉醁酒"和"莲花白酒"，其自明清以来一直是宫廷御酒，这在《宸垣识列》《帝京岁时纪胜》《抱冲斋全集》等清代古书中有诗文为证。清代，三山五园地区的稻田面积达到1万亩*，其耕作、管理、习俗等逐渐凝聚成海淀京西稻农耕的文化。

圆明园内稻田分布（黄色区域）（北京清城虞现数字科技研究院有限公司/绘）

　　民国时期，许多稻田由官府所有渐次转变为私人所有，园林旧址日渐荒废。其中颐和园内的高水湖、养水湖等部分湖泊亦被垦为稻田，圆明园的诸多湖内也辟出几百亩稻田。这一时期，京西稻种植面积达到1.32万亩。但由于水利设施湮废，水旱灾害随之增加。

　　新中国成立后，党和政府十分关注京西稻的生产，周恩来、彭真等国家领导人都曾视察过京西稻田。京西稻作为著名品牌得到社会的认可。

---

* 注：亩为非法定计量单位，1亩≈667平方米。——编者注

20世纪60年代中期，由于京密引水渠全线贯通，海淀北部地区的京西稻种植得以快速发展并成为主产区。至80年代中期，全区水稻达到9.7万亩，亩产由新中国成立初期的150千克提高到1995年的490千克。1988年海淀水稻在全国农副产品展销会上被评为优质米。1992年，国家农业部认定东北旺农场生产的"京西御膳米"为绿色食品。1993年，京西稻在首届中国农业博览会上被评为银质奖；1995年，京西稻在第二届中国农业博览会上被评为金奖；2009年，经中国绿色食品发展中心审核认定，"淀玉"牌京西贡米被评为绿色食品A级产品，许可使用绿色食品标志。2010年海淀区上庄西马坊村被国家农业部评为国家级京西稻农业标准化示范区。2014年上香1号新品种在第十三届全国粳米大会暨优质食味粳米峰会上被专家组评为《优质食味粳米》。

奖励证书（海淀区档案馆/提供）

金质和银质奖牌（海淀区档案局/提供）

2000年后，由于城市扩建、人口剧增、水资源匮乏，海淀区京西稻种植面积和产量锐减，处境濒危。到2013年，总种植面积仅为1586亩，总产量仅为778吨。不仅如此，村庄亦面临搬迁，稻作文化传承陷入困境。经各方努力，2015年海淀区京西稻种植面积恢复为2000亩，2016年又增加150亩。

收割稻子（岳升阳/摄）　　　　　　　　稻田景观（王东向/摄）

2. 房山稻作的起源与演变

房山是北京文化的源头。西周时，燕国就建都于此，并开始有水稻种植。辽、金时期是房山大面积种植水稻的开端。此后，水稻成为该区主要的粮食作物之一。元明时期京西水稻种植得到官府支持，曾引南方人从事耕种。元顺帝时，曾招募江南"能种水田及修筑圩堰之人"为农师，在大都进行水稻种植。

到明清时期，房山稻米开始具备显著的品种与地域特色。明代时，房山县石窝一带有百亩连片的稻田。《燕山丛录》记载："房山县有石窝

房山京西贡米保护区的水稻田（房山种植业服务中心/提供）

稻，色白粒粗，味极香美，以为饭，虽盛暑，经数宿不馊。"石窝稻即产于大石窝镇高庄、石窝村一带的玉塘稻，以地名称为"石窝稻"。明成祖朱棣迁都北京后，玉塘稻即成贡品。清雍正四年（1726年）于京师设营田府，以永定河水淤土肥田，大量植稻，即为清初朝廷建的"御米皇庄"，并派专人监督玉塘稻米的生产，所以玉塘稻也称"御塘稻"。

新中国成立后，房山水稻经历了大规模的发展和衰减。1949年，今房山区范围内（含房山、良乡两县）种植水稻7 107亩；1971年，房山县水稻种植面积达53 432亩。此后，由于连年干旱，水稻种植面积减小，1979年种植面积为42 903亩。20世纪80年代中期开始，水稻种植面积再度缩减，1989年房山区水稻种植面积为33 490亩，90年代以后，每年种植水稻2.9万～3.2万亩。2006年时，水稻种植面积为1218亩，平均亩产414.6千克。

从20世纪60年代到90年代，水稻种植集中在南尚乐（今大石窝）、长沟、石楼、长阳、窑上、东南召、琉璃河、城关等乡镇街道水源较丰富的村。现在，长阳镇东北仍有6个村落以"稻田"命名，说明该区域稻作曾兴盛一时。房山段拒马河和南泉水河沿岸也有较大面积的种植。2006年以后，全区仅余长沟、大石窝、十渡和琉璃河镇部分村落仍有水稻种植，其中大石窝水稻种植面积为280亩，亩产650千克。到2014年，仅长沟镇、大石窝镇和十渡镇有水稻种植，种植面积156.3亩。

十渡镇水稻种植景观（闵庆文/摄）

（二）
独特的地理位置

受地壳运动的影响，早期的北京西山与东部平原间存在丘陵过渡带，地势为东高西低。古代永定河出门头沟三家店流向东北方，而大清河、北运河、潮白河及蓟运河水系覆盖了全北京。这五大水系肆意摇摆，相互切割，形成方圆数百平方千米的冲洪积扇。

海淀位于北京小平原西部，西为太行山余脉的北京西山，东为山前冲积平原，地势西高东低，属暖温带半湿润山地丘陵及山麓平原地区，海拔高度35～1278米。受古永定河影响，海淀一带除田村孤山、海淀"台地"和几处小土包外，从西山往东是一马平川，人称"北京湾"。在这块大平原中间，分布着诸多低洼区域，河水、西山洪水和天然降水及地下泉水等促成诸多湖泊、苇塘等。明代著名画家兼诗人文徵明在《天府广记》称赞500年前的北京："春潮落日水拖蓝，天影楼台上下涵。十里青山行画里，双飞白鸟似江南。"

海淀京西稻保护区位于海拔40～50米的山前平原区域，旁依小西山山脉。小西山为低山丘陵，海拔高度在790米以下，并有残丘突兀于平原之中，将区域分割为南北两大区块。南部原生地保护区东至中关村北大街、万泉河，南临巴沟路、闵庄路，西达旱河路，北至香山路和清河，为京西稻原生地；玉泉山下、六郎庄、颐和园和圆明园内外的水稻种植史可上溯至元代，逾600年。北部发展地保护区东至永丰路，西、南至京密引水渠，北抵沙阳路；太舟坞村和温泉村为清代京西稻产区之一，种植历史约300年。沿山泉水众多，著名的玉泉山泉、冷泉、温泉、黑龙潭泉等均为京西稻种植的重要水源。

南部保护区主要位于古永定河冲积扇北部的清河洼地之中，地势西南高东北低。冲积扇上覆盖的表土层厚2～5米。表土层下是巨厚的单一含水层。5000～10000年前，永定河曾流经此地（今人称之为古清河），在玉泉山与海淀镇之间形成低于两岸4～6米的宽广的河谷低地，称为清河洼地或巴沟低地。清河洼地地表覆盖有1.5～3米厚的黏性土，其下为4～6米厚的古永定河砂砾石层（低地中浅层地下水的主要来源）。当地河谷洼地处于古永定河冲积扇的泉水溢出带上，历史上曾有颐和园南湖岛旁的黑龙潭泉和万泉庄泉等。

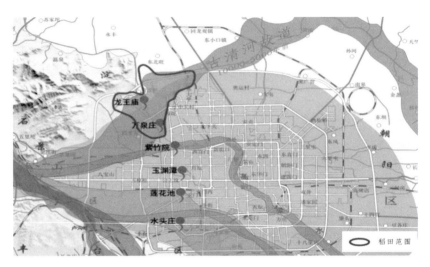

京西稻原生地位置（岳升阳/绘）

北部保护区位于温榆河支流的南沙河冲积扇上，地表覆盖层一般小于10米，覆盖层之下有2～4层含水层，含水量较丰富，属该冲积扇的富水地带。该区域在全新世初期曾有大面积的湖泊存在，为山前泉水溢出带，周围山地亦有泉水汇入平原，水源丰富。

海淀区南沙河（王志勇/摄）

　　房山位于北京市西南部，地处太行山与华北平原过渡地带，在地表形态上，西部、北部为起伏山地，东部、南部是缓缓倾斜的平原。山地与平原以断裂构造带为界，由于断裂作用不明显，表现为山地–丘陵–平原的渐变过渡。房山京西贡米保护区就位于房山区南部山区–平原过渡带的冲洪积平原和西南部的低山河谷地带，主要包括长沟、大石窝和十渡三镇。其中，长沟、大石窝片区水稻种植区位于拒马河–大石河冲击洪积平原与冲积平原亚区。该冲积平原是由拒马河、大石河、周口店河、牤牛河、南泉水河和北泉水河等河流共同作用形成的冲洪积扇。区内地质条件稳定，无频发地质灾害，其地形地貌适合种植水稻。

　　由八宝山到易县断裂带地质影响，房山形成了数量众多的泉。20世纪80年代，北京市地质工程勘察院通过大量实测发布《关于西甘池泉调查报告》，报告通过翔实资料和统计分析论述了该区地质特征与甘池泉群形成的关系特征。报告显示：该区雾迷山组岩溶裂隙水，接受大气降水补给，在其由高处向低处运移的过程中，由于北面、东面受洪水庄组页岩的阻隔、西面受北西走向煌斑岩脉的阻挡，其地下水的总体流向应是由西北流向东南，而在东南部又有高庄岩体的侵入，在地下起到阻水作用，从而促使岩溶裂隙水在山前地形比较低洼处排泄成泉。由于页岩、岩脉未受断裂破坏，迷雾山组岩溶裂隙水的封闭条件比较好，大面积分布的岩溶裂隙水汇聚，相对集中地排泄，从而形成了流量大且动态比较稳定的高庄泉和甘池泉。

高庄泉（袁正/摄）

（三）
深刻的皇家烙印

　　北京有着3000年建城史和800多年建都史。位居北京南城近600年的先农坛，具有重要的历史、文化、艺术价值。祭祀先农和亲耕的传统，可追溯至周朝。明清两代，其更成为国家重要的祭祀典礼。每年春季皇帝都率官员到先农坛祭祀先农神并亲耕。皇帝在先农神坛祭拜过先农神后，到耕田举行亲耕礼，礼毕，还要在观耕台观看王公大臣耕作。清代的康熙、雍正、乾隆等皇帝，更喜欢在风景秀丽的畅春园、圆明园内举行演耕。

北坞公园清皇演耕雕塑（王东向/摄）

乾隆皇帝御笔"耕织图"碑（海淀区档案馆/提供）

　　元末农民战争爆发后，为了解决北方的粮食问题，元朝政府曾在南起保定、河间，北到檀（北京密云）、顺（北京顺义）的广大地区，大规模推广水稻，并从江南招募农民前来指导。在建都前，明朝廷从山西、江南等地迁民至北京种田，给以耕牛、农具、种子，在适宜地区种植了水稻。京城内西苑、积水潭，近郊海淀，远郊房山、丰台、顺义、通州、大兴、昌平、平谷、密云等地均有连畦的水田。清朝乾隆时期海淀、京南一带开辟了几千顷水稻田。

　　为发展农业，元代及其后诸代，特别是清代大兴京郊水利工程。雍正时因永定河的修治，京郊稻田大面积增长。乾隆时南苑的团河与一亩泉得到修治后，其河旁稻田数千顷既垦且辟，益资灌溉之利。海淀一带的京西稻田面积也很大，乾隆皇帝诗中常用"百顷"描述稻貌，有时也用"千顷"和"万顷"。

京郊河渠多了以后，农民沿河渠开沟设闸，引水灌溉，将许多旱地改为水田后，尝到甜头。据《顺天府志》的记载，"中熟之岁，亩出谷五石"，比麦和粱、黍的产量高出几倍。

清朝康熙十四年（1675年），康熙皇帝亲赴玉泉山观禾，后选定在海淀一带修建园林，并在此试种新的水稻品种，推行新的种植技术。康熙五十三年（1714年），在青龙桥设稻田厂及其仓署，又在功德寺和六郎庄各设官场一处，在玉泉山、金河、蛮子营、六郎庄、长河、黑龙潭等地开辟官种稻田。康熙皇帝还培育出御稻米，在京西一带种植，始称京西稻。关于功德寺，明代《帝京景物略》有如下记载：山好下影于湖，静相好也。湖好上光于水田，旷相好也。道西堤，行湖光中，至青龙桥，湖则穷已。行左右水田，至玉泉山，山则出已。际湖山而刹者，功德寺。寺，今一搭间地也，存者门耳。瓦垄燕麦，屋脊鹳巢，声假假，余悲生恐，在当年昏定晓报钟时也。门外二三古木，各三四十围，根半肘土外。暍荫者，坐差差，如几，如凳，如养和，滑其上肤及骨，虫鼠穴其下，亦滑，坒壤峦如，不知几十围蚁。古干支日，老叶鼓风，两侧偃柏，不成盖阴，亦助其响。傍地余水田，僧无寺，业农事。每日西睆，山东阴，肩锸者，锸挂畚者，仰笠者，野歌而归。蛙语部传，田水浩浩。僧归破屋数楹，供一木球，施以丹垩，寺初兴时募使者也。李西涯记云：寺故金护圣寺，寺七殿，殿九楹，楹以金地，彩其上。宣德中，板庵禅师重建也。师能役木球，大如斗，轮转行驰，登下委折，如目眶具，逢人跃跃，如首稽叩。师曰入某侯门，则入，募金若干。曰入某戚里，则入，募金若干。宣宗召入，命为木球使者，赐金钱，遂建巨刹，曰功德寺，时临幸焉。成化中，僧戒静，以南都报恩寺，文皇曾瘗其副塔，疏请舟载置此寺，台省劾之，不果。然犹建一阁，重檐叠角，虚堂曲房，为累朝驻跸地。世宗幸景陵，经过此，怒金刚狰狞，命撤毁。

功德寺石碑及青龙桥（岳升阳及海淀区政协文史委/提供）

　　雍正元年（1723年），设总理玉泉山稻田大臣；三年（1725年）将稻田厂转归奉宸苑管理，保留功德寺和瓮山稻田为官种，供内廷食用，其余稻田租与农民耕种。太舟坞等地也开始出现水稻种植。至此，京西稻种植面积达到5 000多亩。

　　乾隆皇帝为开辟稻田，在三山五园一带大兴水利，先后开挖出诸多湖泊和水渠，并言明"疏治昆明湖本为蓄水以资灌溉稻田之用"。在疏浚万泉庄泉之后，"即其地开水田"。昆明湖建成后，在清漪园东堤外"引流种稻"。

　　清代三山五园地区稻田面积达到1万亩，品种以康熙培育的"御稻米"和乾隆引进的"紫金箍"为主，其耕作、管理、习俗等共同逐渐形成海淀京西稻农耕文化。作为清廷的御稻田，京西稻田中寄寓着数位清帝"以农为本"的治国理念，也是清朝国家最高级的农业示范田。

　　清代皇帝重视水稻的另一个方面，就是用诗歌的形式描绘心情、记录历史。原本讲满语的清代皇帝，为更好地管理好国家，不仅如饥似渴地学习汉文化，还能掌握一般汉人都不熟悉的格律诗。康熙、雍正，特别是乾隆皇帝曾为海淀水稻赋诗达几百首。

京密引水渠海淀段（海淀区档案局/提供）

康熙赞咏京西稻诗摘

康　熙

南亩秋来庆阜成，瞿瞿未释老农情。

霜天晓起呼邻里，偏听村村打稻声。

雍正赞咏京西稻诗摘

雍　正

鸟鸣村陌静，春涨野桥低。

已爱新秧好，旋看复垅齐，

淤时争早作，课罢岂安栖。

沾体兼涂足，忙忙日又西。

京西稻诗选（京西稻文化研究会/提供）

　　房山京西贡米保护区的皇家文化底蕴同样深厚。明朝明成祖朱棣迁都北京后，玉塘稻即成贡品。清雍正四年（1726年），于京师设营田府，以永定河水淤土肥田，大量植稻。即为清初朝廷建的"御米皇庄"。朝廷还派专人监督玉塘稻米的生产，所以玉塘稻也称"御塘稻"。据咸丰年间编纂的《房山志料》记载，"房邑西南广润庄、高家庄、南良各庄、长沟村四处营田二十顷有奇。……白玉塘水田自昔有之，其地不足两顷，产米坚白珍贵，以其源高水冽漫灌无缺故也。"这些资料表明：明清时期，以石窝"御塘稻"为代表的房山水稻传统品种，虽然种植面积不大，但是因其品质优越，成为贡米。

据大石窝镇高庄农民口述，清康熙年间腊八节时，皇宫中为煮腊八粥而将各种粮食摆放在一起，其中就有高庄的大米。皇室中人食用后觉得十分好吃，于是，专门开了一亩三分地建成"御米皇庄"，即皇粮地，专供宫廷食用。这一说法虽未经史料证实，但作为构建与保留在村民中间的历史记忆，也为房山石窝御塘稻增添了许多有待探索的文化要素。

据康熙《几暇格物编·下之下》中的《御稻米》记载，康熙亲自选种，培育出米色微红、气香味腴的御稻米，在京西稻田中推广，后又推广至其他地区。而据吴庆邦《泽农要录》记载，"宛平、房山有种名御稻米者，微红，粒长而微腴。"这一"御稻米"记录指明房山有可能亦是康熙推广京西稻的地区之一。而后，乾隆皇帝从江南引种在北京地区种植，其中就包括了直到20世纪50年代海淀、房山仍有种植的"紫金箍"。

被康熙钦定为贡米，京西水稻上古来

说到水稻，大家第一个想到的就是阴雨绵绵的南国和绿色丛丛的水梯田，水稻已经成为人们对南方的第一印象了。北方也出产稻米，尤其万亩黑色沃土的东三省，那是出了名的。而首都北京的人想要吃稻米大多靠"外运"，其实北京也产稻米，只不过量很小，位置在房山，被称为"京西贡米"。

房山区种植水稻的历史最早可追溯至西周时期。到辽、金时代，开始大面积种植，水稻成为房山地区主要的粮食作物之一。据《燕山丛录》记载："房山县有石窝稻，色白粒粗，味极香美。"清朝此地曾建有"御米皇庄"，朝廷派专人监管御塘稻的种植。据记载：清朝康熙年间，皇上去云居寺游玩，地方官员还将大石窝的稻米进献呢。康熙品尝后，觉得好吃，钦定为"贡米"，而浇灌稻田的泉塘则命名为"御塘"。

这样的稻作农耕方式，充盈着稻作文化，每年的插秧、挠秧颇具仪式感。春种秋收，这其中要经历一个漫长而艰辛的过程，但恰恰是这个过程能让人感受到这古老的农耕文化中所蕴含的朴素哲理。如今，往事已过，但这种种植技艺却得到了传承，逐渐形成了一种种植文化。房山的京西贡米文化系统不仅具有重要的经济价值，而且具有生物多样性保护、水源涵养、气候调节、水土保持等生态价值。它合理利用湿地水域，建设成稻田与池塘、鱼塘、河流相协共建的湿地景观，同时农民创造性地利用泉组实现平原稻田的自流灌溉。

2015年，房山继续开展稻作文化节。文化展示区由总面积160平方米的稻作文化馆及农具农机展示区组成，用图片、实物、文字、微缩景观、多媒体等形式展示世界稻作文化发展史和房山的贡米文化，并展出部分传统、现代稻作农具。京西稻将作为中国重要农业文化遗产，展示农业文化的发展历程，让更多的游客了解稻作文化，了解房山贡米。

资料来源：Funhill房山 微信公众号 日期：2015年11月13日

生态和谐的稻作系统

二

北京京西稻作文化系统

　　海淀京西稻保护区依山傍水，有着充足的地表、地下灌溉水源和丰富的冲积扇沉积物的滋养，有着适宜种植的理想气候条件，可谓得天独厚。这片稻田出产的稻米品质优良、产量可观，不仅将京西稻传统品种保存下来，而且从国家种质库引进千余种适宜在海淀种植的水稻品种，成为名副其实的水稻品种种质资源库。此外，海淀京西稻保护区还进行了多种作物和水生生物的养殖，在保证生物多样性及生态系统稳定性的基础上，提供了大量农副产品，起到了保障区域民生和食品安全的作用。

　　房山京西贡米保护区地处太行山与华北平原过渡地带，是北京市三块"山前暖区"之一，具备适宜水稻生长的得天独厚的自然条件，自古即为燕地水稻种植区。区内水稻生长期平均在200天以上，生产出的大米品质优良，富含人体所需的宏量和微量元素，耐蒸煮。稻田中不仅生物多样性丰富，而且通过养鱼、养蟹实现了生态效益与经济效益双赢。

海淀区水稻育种基地（闫同凯/摄）

（一）
得天独厚的自然条件

1. 适宜的气候与肥沃的土壤

海淀京西稻保护区多年平均气温11.6℃，无霜期211天；多年平均降水量558.1毫米（1956–2010年平均值）；年日照2766.6小时，水稻生长期日照1400小时，大于等于10℃活动积温4 400℃，可充分满足优质水稻品种的生长需要。6月下旬至8月中旬高温多雨，日均气温25～27℃，温度适宜水稻分蘖、茎叶生长和扬花授粉；8月下旬至9月下旬，日照充足，日均气温20～25℃，有助于水稻扬花、平稳灌浆和优质稻米的形成。其南部保护区土壤多为轻壤至轻黏土，pH值7.5～8.5，洼地以沼泽土居多；北部保护区土壤以水稻土为主，有机质含量平均达1.76%，pH值7.5～8.0。

房山属于暖温带半湿润半干旱大陆性季风气候区，季风气候明显、四季分明。年平均气温10.8～12.2℃；年平均降水量539.2～612.6毫米；年平均日照时数2 135.5～2 430.1小时；年平均蒸发量1457.4～1548.1毫米；无霜期197～207天。位于房山京西贡米保护区的长沟镇和大石窝镇，是房山热量资源最丰富的地区，是北京市三块"山前暖区"之一。年平均气温大于12℃，大于等于0℃的日积温在4 600℃以上，80%以上的区域能够达到4 500℃左右。水稻喜高温、多湿、短日照气候，幼苗发芽最低温度10～12℃，最适温度28～32℃，分蘖期日平均温度20℃以上，穗分化适宜温度30℃左右，抽穗适宜温度25～35℃，开花最适温度30℃左右；相对湿度50%～90%为宜。当地的温带半湿润半干旱气候，尤其是平原区小气候，在京郊形成了适宜水稻生长的气候条件。

房山京西贡米保护区土壤质地均一，垂直节理发育好，土层甚好，是房山的主要粮食产区。稻田土壤主要为水稻土，分为淹育、潴育水稻土两个亚类，根据水盐状况分为潮土型、盐潮土型和湿潮土型三个土属。其土层厚度约100厘米，活土层20厘米左右。活土层以下有一个片状结构的犁底层，表土开始有锈纹、锈斑，底土有石灰结核，心土或心土以下有潜育层。水稻对土壤的要求不高，以水稻土最为适宜。区内水稻土质地优良，为水稻生长提供了有保障的土壤肥力。

2007年房山京西贡米保护区稻田土壤养分状况

有机质 克/千克	全氮 克/千克	碱解氮 毫克/千克	有效磷 毫克/千克	速效钾 毫克/千克	缓效钾 毫克/千克
15.6	1.05	65.1	22.95	127.1	1195.5

2. 天赐的珍宝——充足的水分条件

充沛的水源是保障水稻生产的重要自然条件，良好的水质是优质稻米生长必不可少的生态条件。

海淀境内年均降水总量2.40亿立方米，地下水资源1.81亿立方米，地下水可开采量为1.42亿立方米，地下水位平均埋深27.8米。境内河湖众多，河流级别在4级以上的有24条，区境内总长145.82千米；境内规模较小的沟渠有62条，总长143.85千米。在海淀京西稻保护区的河流主要有玉河（北长河）、昆玉河、长河、京密引水渠、清河、万泉河、南旱河、北旱河、金河、南沙河等。境内规模及影响较大的湖泊有12座，总水域面积3.66平方千米，占北京市近郊水域面积的41.28%，总蓄水容积841.75万立方米。历史上位于海淀京西稻保护区的湖泊有昆明湖、高水湖、养水湖、丹棱沜、水泡子、紫竹禅院湖、玉渊潭湖、钓鱼台湖、圆明园福海湖等，后高水湖、丹棱沜、水泡子逐渐消失，新增八一湖、稻香湖、上庄水库、翠湖湿地、南水北调团城湖调节池等。

圆明园福海（圆明园管理处/提供）

紫竹院湖（胡玥/摄）

稻香湖（王东向/摄）

国家级翠湖湿地公园（海淀案馆/提供）

八一湖夜景（2009年王建军/摄）

清皇乘舟赏荷观稻的玉河（杜振东/摄）

玉泉山下京西稻田（海淀区档案局/提供）

钓鱼台万柳堂（钓鱼台国宾馆/提供）

海淀西山、平原一带有泉数百处，较著名的有玉泉（由8个大泉组成）、万泉（仅乾隆皇帝赐名的泉就有31个）、双清泉（乾隆皇帝御书"双清"）、卓锡泉、水源头、黑龙潭泉、温泉、灵泉、金山泉、七王坟泉、龙泉等。2013年调查仍有出水山泉14眼，日均总出水量236立方米，其中出水量最大的为南沙河上游的金仙庵泉，日均出水量60立方米。京西稻原生地的重要水源之一为玉泉山泉水，其源于隐伏奥陶系灰岩承压含水层，以上升泉形式由此喷涌而出，形成泉群。金代皇帝章宗完颜景曾访玉泉山，对"泉味甘洌"的玉泉水非常喜爱，在这里建"泉水院"以为避暑之地，并将"玉泉垂虹"引为"燕京八景"之一。清乾隆皇帝对玉泉水御赐"玉泉趵突"并立碑"天下第一泉"。1934年冬季测量，出水量为2.0立方米/秒，夏秋季增大一倍。1949年测得总出水量为1.54立方米/秒。1975年5月玉泉水完全断流。

海淀区阳台山神泉（海淀区水务局/提供）

同时，永定河冲积扇是海淀的富水区，年可开采地下水量约占全区的55%～65%，地下水含水层透水性、赋水性好，年内变幅小，动静水位差一般在5米左右。清河冲积扇含水层累计厚度40～50米，地下水含水层为潜水层，与承压水层同时存在。南沙河冲积扇有2～4个含水层，单层厚度10～30米。它们为水稻种植保障了充沛的水源。

此外，原海淀古镇（今中关村西区）附近的京西稻原生地开发时间最早，水利设施历经数百年建设，具有较强的抗灾能力，在历史上较少发生严重的旱涝灾害。尤其是清乾隆年间修建的昆明湖、高水湖、养水湖以及南北旱河等，减轻了旱涝灾害的影响。

高水湖、养水湖（杜振东/提供）

界湖牌楼（海淀区档案局/提供）

房山京西贡米保护区涉及三条相关水系。其中，南泉水河汇高庄、独树山泉而成河；北泉水河又名圣泉河，发源于北甘池村北寿阳山麓的甘池泉。南、北泉水河均以泉水为源头，向南汇入胡良河，再汇入白沟河。

甘池泉（大石窝镇政府/提供）

　　据《北京自然地理》记载，房山区有山泉97处，占北京市泉水总数的7.78%，径流量年均5716.73万立方米，占全市的28.33%。其中高庄泉、甘池泉、万佛堂泉都是较大的泉水。由于特殊的地质条件，高庄泉和甘池泉的泉水流量较大。据北京地质工程勘察院1981年实测资料记载，在甘池泉中，仅北甘池、西甘池泉群的总流量已达0.22~0.28立方米/秒；西甘池泉流量为0.06立方米/秒，合日流量5184立方米；北甘池泉群的日流量可达2万多立方米。

甘池泉的泉眼（大石窝镇政府/提供）

十渡镇拒马河河谷西起十渡镇套港，略呈东西向蜿蜒延伸穿越房山区西南，流域（含其支流）总长89.55千米。据房山区地表水监测结果，2014年入境监测断面大沙地和出境监测断面张坊大桥水质均达到Ⅱ类水质目标，达标率为100%，水质状况良好。

甘池泉（胜泉）、胜泉河与圣泉寺

甘池泉位于房山区长钩镇甘池村。围绕甘池泉，甘池村又分为北甘池、南甘池、东甘池和西甘池。甘池泉以胜泉（即北甘池泉）为主，由宜新泉、西甘池泉和东甘池泉组成。泉水溢出地表后各自形成泉池，池水溢流汇成北泉水河，向东南注入北拒马河。

胜泉为胜泉河（又称北泉水河）源头，自古有比目鱼故乡之说，泉水长年喷流不断、涌流不息，一年四季恒温16℃，年流量近2000万立方米，自古无断流、无溺水，当地百姓称之为"神泉"。

胜泉河以千古不竭的旺势，横越长沟中部地区，带一路沧桑，于涿州与圣水、北拒马河、南泉水河汇聚，辉煌了"天下第一州"涿州的悠久历史。对这一大区域的繁杂水文情况，郦道元在《水经注》中为我们呈现了一幅"鸣泽渚"的水乡盛景："桃水又东北，与垣水会，水上承涞水……又东，洛水注之，水上承鸣泽渚，渚方一十五里。汉武帝元封四年（前107年）行幸鸣泽者也。"此泽，"西则独树水注之，水出道县北山（道县，涞水县北张坊一带），东入渚。北有甘泉水注之，水出良乡西山，东南径西乡城西，而南注鸣泽渚。渚水东出为洛水，又东迳西乡城南……"而这些记载中所提到的"独树水"，即为今之南泉水河，"北注之水"，即指"良乡县西甘泉原东谷"的胜泉河。由此可见，这幅"鸣泽渚"的盛景，即指涿州西北、长沟南部一带。

对于胜泉河的渊源，现已无史记载，仅在刻于1937年5月，现保存于源头北甘池村的《重修胜泉寺碑记》中还有些缥缈的身世影子。碑记说："胜泉水旁胜泉寺其踪最古，创始于何代远不可考。""寺内木牌记道光二十一年重修（1841年）。"1937年，"村民莘厚田者，慷慨数昂……倡议重修整顿"。由当时的文人北正村焦琴舫撰写的碑记，提出了一个建寺的根由，宗旨是为供奉"送子观音"。"无方把彼瓶中法水，注兹胜泉，甘冽清香，而人民受惠实莫大焉。"碑记提出胜泉的来历是观音菩萨以不同的方式汲取她法瓶中的法水，点化出了甘冽清香的胜泉水。同时，碑记又提出了另一种说法，村民"报本探源，咸乐祀将军"。大家愿意奉祀河伯将军冯夷。"冯夷经代奉为河路将军，以防水患而济民"。

胜泉寺依水而建，自有其建寺的初衷，但终因岁月悠悠，古迹无考，便为后人留下了胜泉源于何代的神秘。很明显，近代碑记对建寺根由有附庸世俗之嫌，两种神话般的来由显得苍白而牵强，只是借重建寺庙之机，寄托对"慈善的观世音菩萨"和"水神冯夷"的一种崇拜和恭敬。

资料来源：《房山自然资源与环境》

甘池泉群水质水量

1993年，北京市地质工程勘察院分别在5月、9月对甘池泉群进行了详细的勘察。同时，中国预防医学科学院环境卫生监测所也对其水质进行了全面测试。据1960—1961年北京地质局水文地质大队调查，房山有大小山泉150余处。20世纪70年代，因雨量偏少，山区及半山区地下水位下降，不少山泉枯竭。1980年再次调查，仅存山泉49处。此材料引自《房山区志》。另据《北京自然地理》记：房山区有山泉97个。泉数占北京市总数7.78%，径流量年均5716.73万立方米，占全市的28.33%。较大的山泉有高庄泉、甘池泉、万佛堂泉、黑龙关泉。据北京市地质工程勘察院1981年实测资料记载，甘池泉群中北甘池、西甘池泉群总流量为0.22～0.28立方米/秒，西甘池泉流量为0.06立方米/秒，合每日流出5 184立方米的水，北甘池泉群每日可流水量达2万多立方米。

科学见证了这里的"天赐之水"。北京市地质工程勘察院提交的《关于西甘池泉调查报告》对其做出了翔实的资料统计和说明："区域地质范围，北到孤山口、圣水峪、长流水，西到马鞍，南至张坊、南尚乐，包括相关的甘池泉、高庄泉和马鞍泉泉域。区内出露的地层主要有蓟县系雾迷山组、洪水庄组、铁岭组、青白口系下马岭组和第四系松散沉积物。区域水文地质概况：本区主要含水层为蓟县系雾迷山组、铁岭组白云岩，白云质灰岩岩溶裂隙水含水层，特别是雾迷山组燧石条带白云岩，分布广，厚度大，岩溶、裂隙发育，含有丰富的地下水资源，著名的甘池泉、高庄泉、马鞍泉皆出自该含水层。"

为什么"甘池泉群"泉涌不竭？《关于西甘池泉调查报告》以专业的语言这样论述："本区雾迷山组岩溶裂隙水，接受大气降水补给，在其由高处向低处运移的过程中，由于北面、东面受洪水庄组页岩的阻隔、西面又受北西走向的煌斑岩脉的阻挡，其地下水的总体流向应是由西北流向东南的，而在东南部又有高庄岩体的侵入，在地下起到阻水的作用，从而促使岩溶裂隙水在山前地形比较低洼的地方排泄成泉。由于页岩、岩脉未受断裂破坏，雾迷山组岩溶裂隙水周边的封闭条件比较好，大面积分布的岩溶裂隙水汇聚，相对集中地排泄，从而形成了流量大而且动态比较稳定的高庄泉和甘池泉。"

资料来源：《房山自然资源与环境》

（二）
传统稻作品种的资源库

1. 丰富的水稻品种

京西稻最具代表性的传统品种"御稻米"和"紫金箍"从清朝至今持续种植。民国后，经引进与不断复壮、提纯，水稻品种类型趋于多样。这些传统稻米品种适应性强，抗病抗灾，产量稳定且品质优良。民国时期曾种植大白芒、大红芒、小红芒、双码头、小快稻等品种。

新中国成立后，京西稻品种更加丰富，且在品种选择上一直延续历史上对品质和多样性的追求，银坊、水源300粒、中银坊、连源、京越

1号、京育1号、越富系3、秋光、津稻305、上香1号等均为良种。其中，1973年从中国农科院引进的越富品种，经提纯复壮，被培育成适宜本地种植的越富系3，成为京西稻当家良种，至今为止持续种植40余年。20世纪90年代中期又引进中系8215、中作93，配合越富系3使用，保留紫金箍、御稻米等品种，新培育上香1号等新品种。

现海淀京西稻保护区内仍保留了适宜海淀地区种植的水稻品种1650个，平均每年种植400个水稻品种，是名副其实的水稻品种种质资源库。京西稻文化研究会的两名育种专家负责这些品种生产的全过程。在10亩育种田中，每个品种的栽种面积平均约1平方米，分别插上牌子并编写号码，秋收时单割单捆单脱粒。工作人员在脱好的稻谷中选择饱满的颗粒保存好，备来年再种。

海淀区西马坊稻种（杜振东/摄）

京稻香小镇米样（杜振东/摄）

房山京西贡米保护区中最具代表性的水稻种植品种为石窝御塘稻和紫金箍，即明、清年间著名的传统贡米品种和京西稻的推广品种。现在，提起房山传统水稻品种，仍有"房山水稻有红、白二种，百姓尤珍之"的说法。

房山传统水稻品种（红、白二种）（房山区种植业服务中心/提供）

御塘米因由泉水浇灌，所产稻米色如玉、粒如珠、晶莹闪亮，经"七蒸七晒"，色、味如初。后来的一些选育品种就是通过引进品种与当地种杂交或选育而来。1949年以后，这里又陆续选育和引进了许多水稻品种。

房山京西贡米保护区水稻品种演变

主要种植时段	主要种植品种
清及以前	御塘稻、紫金箍等
20世纪50年代初	大白芒、小白芒、紫金箍、大雁谷青等
20世纪50年代后	水源300粒、二谷粮、白金（农垦40）、二雁谷青等
20世纪70年代	越富、喜丰、丰锦等
20世纪80年代初	秋光、黎优75、中花8号、中花9号、秦爱等
80年代中期至80年代末	中作180、秋优20等
20世纪90年代以后	金珠1号、中作93、京花101、冀粳10、京优6、中作9390等
2010年以后	中作稻2号、中作0201等

2. 京西水稻主要特征

20世纪80年代的玉泉山下稻田（王东光/摄）

　　京西稻的代表性品种大多抗病抗灾性强，产量稳定。从清代到20世纪40年代，京西稻的代表品种为御稻米、紫金箍及其变异品种。该品种早熟，质佳，适应性广，抗倒、抗病性强，适宜北方种植，是此时期京西稻的主要栽培品种。

康熙选育的御稻米画图（海淀区档案馆/提供）

紫金箍（李增高/提供）

京西稻部分代表性品种及特性

代表品种	品种特点
御稻米	生育期：中粳早熟品种类型 叶　型：叶色浓绿，单株有效分蘖14个，分蘖方向较直 穗　型：穗长23.4厘米，分枝数可达10.6个 粒　型：一穗121粒，柱头紫色，无芒，码紧，脱粒难，糙米千粒重24.6克。糙米为赤色，糙米率为79.3%，腹白及心白为8.9%，早熟，质佳，适应性广，抗倒与抗病性均强
紫金箍	生育期：在北京海淀区上庄镇种植，5月7日播种，6月10日插秧，8月13~16日抽穗，9月20日成熟，全生育期136天 株　型：前期株型较紧凑，株高155厘米，地上有5个伸长节，叶鞘色紫，茎秆较软易倒伏，单株分蘖力强，在行距30厘米，穴距25厘米，单株插秧时，最高分蘖数22.3个，有效穗15.6个，成穗率70% 叶　型：叶色青绿，剑叶长42.6厘米，宽1.8厘米，剑叶与茎秆所成的角度大 穗　型：稻穗呈半圆形，紫色长芒，穗长27.2厘米，每穗总粒数169粒，实粒数153粒，批粒数16粒，结实率90.5%，千粒重25.0克 粒　型：10粒平均长8厘米，宽3厘米，长宽比2.6倍，谷粒椭圆形 产　量：一般亩产200千克左右

续表

代表品种	品种特点
紫金箍	品　质：糙米外观较次，营养品质丰富。据中国水稻研究所测定，糙米率77.6%，精米率70.0%，粗蛋白11.38%，赖氯酸0.411%，总淀粉74.43%，直链淀粉22.7%，支链淀粉60.6%，糊化温度6级，胶稠度50毫米

　　20世纪50年代开始，本地先后推出的银坊、水源300粒、白金、越富、越光、津稻305、中系8215、中作93等品种，虽在水肥需求、成熟期长短方面存在或多或少的缺点，但普遍表现出抗逆性强、产量稳定的特点。京西水稻当家品种越富系3，产量和品质都有所提高。中系8215、中作93，高产、抗病、抗倒伏，一般亩产500千克，与越富系3搭配种植，能有效地提高作物抗病虫害的能力，可保证京西稻的优质和高产。

巴沟展示田照片（王东向/摄）

　　出产的稻米品质优良。京西稻主要品种所产大米籽粒饱满、圆润、有光泽、晶莹透明、富油性。蒸出的米饭光滑洁白，软硬适中，稍带黏性，清香可口；用来煮粥，汤汁黏滑，香气四溢，表面有淡绿色透明薄皮。

　　海淀区水稻属于粳稻亚种，颗粒圆润、晶莹明亮，米粒中心白和腹白情况极少，油性大，蛋白质含量高。据检测，蛋白质含量7.8%，赖氨酸含量0.34%，粗脂肪2.62%，总淀粉含量73.35%，出米率为82%。蒸成米饭香甜细嫩、松软可口，尤宜煮粥，汤汁澄滑，香气四溢，米粒不散碎。它特有的清香味、碾米外观及食用营养是战胜其他品种的主要法宝。因此，成为首都唯一特供米品种，多次受到市政府奖励。1979年、1986年、1988年分别获得北京市农业技术改进四等奖和三等奖。1985年被农业部评为全国名特优产品。1992年荣获首届中国农业博览会优良品种奖。1993年荣获北京市"星火计划"二等奖。20世纪50年代后，京西稻米曾由国家统一收购，入西直门粮库，专仓保管，加工成特供大米。1992–1995年，通过建立起无公害"绿色食品"基地，东北旺、上庄、聂各庄、永丰、苏家坨5个乡生产的稻谷被国家农业部评为"绿色食品"，成为营养型、无污染的安全食品，为京西稻增添了一道光彩。

房山的水稻生长条件得天独厚，生长期在200天以上，最长可达210天。所产稻米色、香、味俱全，具有蒸煮七遍而不失其质的特点。御塘稻富含营养物质，维生素B_1、维生素B_2，葡萄糖、麦芽糖、蛋白质、钙、磷、铁等营养物质，并富含人体所需的18种氨基酸，且蒸煮时稻米中的蛋白质、维生素、矿物质等营养物质的流失少。

（三）
丰富的产品与功能

1. 丰富多样的农产品

清代，京西稻除提供御用稻米、满足皇室需求外，还投放于市场，丰富了京城的稻米供应。京西稻品种和种植经验的推广不仅促进了当地的农业生产，还推广到南方地区。新中国成立后，京西稻农注重稻种的优化和种植技术的改进，促进了种植面积和产量的提高，增加了农民收入。当地人唱道："海淀是个好地方，水清地肥稻苗壮，人人都说江南好，哪有京西稻米香。"京西稻米除供应市民食用外，还供应北京各宾馆饭店和国家重要活动使用。

海淀民歌里的京西稻（杜振东/摄）　20世纪前半叶六郎庄稻农采荸荠（海
淀档案馆/提供）

　　稻田内还盛产莲藕、毛豆、芡实、荸荠、菱角、茭白、香蒲、芦苇
等。当地农民还在稻田田埂上栽种黄豆、毛豆等豆科植物及时令蔬菜。

　　为充分利用稻田的水土资源、提高稻田生态系统的经济收益，当地
农民还在稻田周边的水塘内养鱼，形成了水塘养鱼这一典型的立体种
养生态农业模式。近年来，当地农民还开发出了稻田养蟹模式，实现了
对田块内水体的充分利用，与单一稻作相比，稻蟹二元结构互惠互利，
既增加了生态效益，又提高了环境效益。

种植在稻田田埂上的豆类（袁正/摄）　　稻田蟹（上庄镇/提供）

　　除水稻以外，保护区也种植了多种粮食作物。民国二十五年（1936
年）《河北省农产调查报告书》记载："房山县（包含复种）冬小麦占
15.48%，玉米、高粱占58.33%，谷类占24%，豆类占5.33%，薯类占

1%；良乡县（包含复种）冬小麦占11.27%，玉米、高粱占58.28%，谷类占14.75%，豆类占10%，薯类占1%。"房山京西贡米保护区种植的粮食作物包括本地传统品种的选育品种、引进品种与杂交品种。一些本地传统品种被保留下来，至今仍在栽培。

房山京西贡米保护区主要粮食作物的传统品种

粮食作物	传统品种
水稻	御塘稻、紫金箍等
冬小麦	五花头、小红芒、大红芒、蚰子麦、七二麦、蚂蚱麦、本地秃等
谷子	九根齐、白苗柳、红苗柳、贼不偷等
高粱	马尾巴、翻白眼、黑老鸹、灯笼红、鞑子帽、黏高粱等
甘薯	大红袍、大白蛋、猴儿蹲等
大豆	兔儿蹲、黑门等

除了粮食作物，保护区还种植多种蔬菜、经济作物和果树，并养殖畜禽。同时，位于房山京西贡米保护区的拒马河流域还是渔业生产的主要区域。

房山京西贡米保护区主要农林畜鱼产品

类别	名　　称
粮食作物	玉米、冬小麦、水稻、谷子、高粱、白薯、大麦、春小麦、荞麦、大豆、豌豆、小豆、绿豆、蚕豆
蔬菜	白菜（翻心黄、翻心白、小核桃纹、抱头青、大青口、小青口、大核桃纹）、萝卜（灯笼红、心里美），油菜、菠菜（尖叶菠菜、圆叶菠菜）、架豆（墩豆、棍儿豆、锅里变、白不老）、茄子（五叶茄、七叶茄、九叶茄、十一叶茄）、黄瓜（小七寸）、西红柿（苹果青）、甜椒（柿子椒）、胡萝卜（鞭杆红）、冬瓜（一串铃、车头冬瓜）、西葫芦、芹菜、韭菜、甘蓝（苤蓝）、葱（高脚白大葱、鸡脚葱）、菊芋、辣椒（红尖椒）、蒜（紫皮蒜）、洋葱、香椿芽
经济作物	棉花、麻，花生、芝麻、蓖麻、西瓜、甜瓜、瓜蒌、知母、芦荟、金银花、烟草、观赏葫芦
林、果树	苹果、柿子、山楂、山杏、枣、梨、板栗，花椒

续表

类别	名　　称
养殖种类	猪（华北民猪、东北民猪）、绵羊、山羊，耕牛、马、驴、骡、骆驼，奶牛，肉牛，鸡（北京柴鸡、北京肉鸡）、鸭（麻鸭、北京鸭），梅花鹿、海狸鼠、獭兔，孔雀，肉鸽，蚕、蜂
水产种类	草鱼、鲢鱼、鳙鱼、鲤鱼、鲫鱼、虹鳟鱼、罗非鱼、福寿鱼、鲟鱼，蟹

注：（ ）中为本地传统品种。

2. 农业的多功能性

维持生计，保障民生。京西稻具有高产、稳产的特点，稻农收入稳定。稻农不仅通过发展稻田立体养殖延伸产业链，而且种植油菜、荷花等景观作物，吸引游客前来休闲游憩。海淀区组建起专业化的京西稻经营管理主体，实行企业化、市场化运作，"统一良种、统一育苗、统一栽培技术、统一收割收购、统一加工包装、统一品牌销售"，实现了标准化生产，提升了产品附加值，保障了产量和品质的逐步提高，农民种稻收入不断增加。

国家标准化（上庄镇/提供）

京西稻采用绿色、无污染的种植、生产技术，从选种、育苗、栽种、管理、收割、包装到运输，每个环节都具有原产地质量认证。且在六郎庄等村落开展稻米有机认证，保证食品安全。

东北旺绿色米认证书（海淀区档案局/提供）

水稻全身是宝，除食用和祭祀用外，还具有多重利用价值。水稻的秸秆（俗称稻草）能编织防雨的草苫，苫盖粮囤。过去的茅草房，稻草是主要建筑材料。它还能够做成做冬季建筑施工保温的草帘、包装用的草袋、草绳、铺床用的草垫等，广泛应用于农业生产和日常生活。稻壳是家养牲畜重要的饲料来源，还是酿酒的主要辅料。糯米除食用外，另一个功能就是做建

海淀区西马坊用京西稻碎米制成白酒（王东向/摄）

筑材料的黏合剂，古代一些御用的建筑包括墓葬都用糯米米汤加石灰砌筑，坚硬无比。

稻田也是乡愁与文化的寄托。稻作文化与本地居民的社会生活密切相关，与水稻相关的物质文化、风俗习惯、行为方式、历史记忆等文化特质及文化体系渗透到本地传统生产、知识、节庆、人生礼仪等重大社会、个人文化行为中。稻米不仅是本地重要的粮食来源，也是婚丧嫁娶等民俗礼节中必不可少的元素。稻田是北京人历史记忆的一部分，是京城人民的乡愁的寄托。

京西稻历史上曾经作为皇家御稻，新中国成立后曾入西直门特供仓，其优良的品质以及与过去皇家密切的关联，使之在中国稻米品牌中独树一帜，具有极高的文化和品牌价值。这一品牌价值，有助于增强地域和社区自豪感，也有助于吸引众多游客前来观光、休闲以及开展相关历史文化活动。

生态优美、景观独特的京西稻作文化系统，成为市民回归自然、亲近自然、了解相关历史文化的特殊空间。稻田作为重要的湿地景观，吸引了摄影爱好者和休闲旅游的游客。丰富秀丽的自然风光和湿地特色文化，成为人们观光旅游的好地方。系统内保留下众多与稻作直接或间接相关的物质文化遗存，包括稻作遗迹、水稻种植和加工工具、稻谷储存场地、交易市场以及密切相关的村落、水利灌溉工程等。同时，系统内也承载和保留了丰富的非物质文化，包括稻作技术及其传承人、土地利用模式、习俗、诗歌、谚语以及相关的节庆、信仰活动。

香山引水石槽（海淀区史志办/提供）

巴沟山水园插秧者与摄影家（毛重渝/摄）

玉泉山天下第一泉碑（海淀区史志办/提供）

遗传资源与生物多样性保护。稻田生态系统中有丰富的物种资源，包括丰富的粮食作物传统品种、多种多样的农林牧渔产品种类，并具备丰富的稻田生物多样性和相关生物多样性。良好的生态环境为生物的生存和繁衍提供了优越的栖息条件，独特的气候条件和湿地环境也为特殊动植物提供了栖息地和生存空间。

因受到水土气候环境的影响，京西水稻品种培育中一直保留着一些较为稳定的基因，如抗倒伏、抗病害等，特别适应京西地区特有的自然条件。除为旱作农业提供水田环境外，稻田也为喜水的动植物提供了生存条件。荷花、慈姑、荸荠、菱角、老芡头等在水田和水塘中生长，虾、蟹、鱼、螺、蚌、青蛙、北京鸭的饲养，与周边的林下经济构成良性的循环经济圈。适宜的生态环境还为野生动物提供了重要的栖息环境。水田常引来水鸟汇聚，一些濒危鸟类也在稻田中出没，如大鸨、金雕、遗鸥、丹顶鹤、白鹭、白天鹅、绿头鸭等珍稀野生水鸟。几乎每年都能看到稻田中出现"苹风遥雁鹜""野鹜飞翻起"的景观。

白鹭飞翔照片（海淀区档案局/提供）

　　生态环境调节与生态安全保障。稻田生态系统可以起到涵养水源的
作用，而为种植水稻修建的渠、湖、塘、坝可起到调节雨洪的作用。例
如，房山京西贡米保护区位于北京西南生态脆弱区，海河流域上游区
域，是下游白洋淀重要的入湖资源。区内稻田属于太行山潜水汇集而成
的泉水补给型湿地，水源涵养功能显著。以稻田土壤水分平均入渗量
6毫米/日、稻田平均淹水天数180天来计算，房山京西贡米保护区每亩
稻田可涵养地下水源约7200立方米。

　　稻田生态系统还可以起到调节气候的作用。稻田的水分蒸发和水稻
叶面的蒸腾作用，对周边区域的气候具有调节、调温的功效。有研究表
明，水稻及周围植被的蒸散作用使得保护区空气相对湿度比大田区高
6%。作为国际性大都市，北京地区高楼林立，城市热岛效应明显。相
对于城市建成区对于气候的调节能力较差，稻田则可有效调节当地的湿
度与温度，并形成良好的局地小气候。另外，水稻在生长期间可以将吸
收的CO_2通过光合作用转换成O_2，调节大气中CO_2和O_2的平衡，从而对减
缓温室效应起到重要作用。

　　在稻田里养鱼、养河蟹可以起到促进养分循环、防止病虫害等作

用。鱼、蟹可将杂草、水生昆虫、底栖生物作为饲料加以利用，因此可以少用或不用农药，从而减少人工投入；鱼蟹排泄物以及残饵可作为肥料肥田，从而减少肥料用量，节省成产成本，同时改善水质条件，提高稻谷质量，降低环境污染。此外，稻田的环境也是河蟹隐蔽、降温、躲避敌害、安全脱壳的良好场所，也为鱼类提供了较好的生存环境，有利于鱼蟹的生长，实现一种良性的生态循环。同时，鱼、蟹、水稻的共生使得生态系统的各生态位功能得以充分发挥，实现立体开发和利用。

三

充满智慧的稻作技术

北京京西稻作文化系统

在京西水稻漫长的发展历程中，当地农民经过不断尝试与总结、反复实践与验证，总结出一套完整、严密的水稻栽培知识体系与技术流程。当中的许多传统知识与技术在今天仍十分有借鉴意义。更有广为流传的"一穗传"育种技术，充分体现了古人在遗传学育种领域的非凡智慧。

（一）
大名鼎鼎的"一穗传"

清代《畿辅通志》记载，康熙皇帝在丰泽园稻田巡视时发现一株高出众稻的成熟稻穗，便将这株早熟的稻穗摘下来，经过十年复种，培育出早熟品种"御稻米"。后这一品种得到推广，京西及各地多有种植，成为当时京西稻的主要品种。

清代康熙皇帝所创的这种育种技术名为"一穗传"，即从现有品种群体中选出一定数量的优良个体，分别脱粒和播种，每个个体的后代

形成一个系统，通过试验鉴定、选优汰劣，育成新品种。"一穗传"开创了水稻栽培的新方法，也是京西稻栽培技术体系中最具代表性的技术。康熙皇帝使用"一穗传"培育出的"御稻米"具有高产、早熟、质佳、适应性广等特点。

御稻照片（王东向/摄）

玉泉山下的"御稻田"（王东向/摄）

除大名鼎鼎的"一穗传"育种法外，"异地育种法"也是本地农民广泛使用的传统育种法。六郎庄稻农曾选取安庆一带和辽南一带最优秀的稻种到涿州育种，然后拿回六郎庄播种。"水育秧"法也是京西稻传统育秧方法之一，即利用水的吸热保温作用，在春稻播种后，营造出利于水稻发芽的小环境来育秧。此外，京西地区还先后引进过"水稻半旱育秧"法、"水稻保温育秧"法、"异地取土育苗"法、"盐水浸泡催芽"法、"露地规格化育苗"法等育秧技术。

老六郎庄照片（海淀区档案馆/提供）

六郎庄照片（岳升阳/摄）

育秧方式（王东光/摄）

（二）
实用的传统技术

1. 水稻栽培流程与技术

　　"御塘稻"栽培有一套严谨的工序和工艺，包括选种、浸种、做床、下种、提草、耕地、打亮水、耙地、拔秧、挑秧、抛秧、插秧、扶秧眼、森秧、挠秧、提稗草、割稻、晾晒、脱粒、入库等。其中，挠四眼秧、割一带秧（一带秧六个眼），株行距采用甩五退四、甩六退三等传统技术，有效实现了合理的人工管理、提高了稻田质量和稻谷产量。

清明下籽（房山区种植业服务中心/提供）

小满插秧（长沟镇/提供）

水稻施肥（长沟镇/提供）

收割（长沟镇/提供）

脱粒（房山区种植业服务中心/提供）

在"御塘稻"的栽培过程中，"挠秧"是最具有仪式感和使用价值的传统栽培技术。与北方开春时节的"挠地"不一样，"挠秧"更有仪式感。水稻插秧之后的田间管理，不像在旱地里是用锄头在田间除草（民间俗称挠地），而是要人跪在水田中，用双手除去杂草并松土，这一过程就像是人在给秧苗"下跪"。民间有这样的说法：水稻在成长的过程要不断地受到"跪拜"，"跪拜"的次数越多，所产的稻米也就越好吃。其实不是跪拜本身起了什么作用，而是农民以跪拜的姿势除草、松土，除草、松土的次数越多，水稻所吸收的田间养分就越多，所产稻米的品质当然也就越好。

海淀京西稻的传统栽培技术更有意思。清代康雍乾三代曾绘制《耕织图》，翔实记录稻耕流程，分浸种、耕、耙耢、耖、碌碡、布秧、初秧、淤荫、拔秧、插秧、一耘、二耘、三耘、灌溉、收刈、登场、持穗、舂碓、筛、簸扬、砻、入仓和祭神等。

对御稻田的要求更为严格，形成了具有园艺化种植特征的操作流程。先期准备工作包括准备农具（俗称安家伙）、修整排灌沟渠

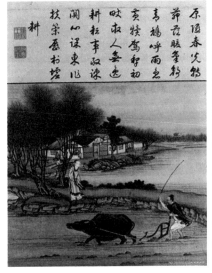

清耕织图组局部（海淀区档案馆/提供）

等。水稻种植包括整地、筛土、育秧、插秧、灌溉、施肥、薅草、防治病虫害、收割、晾晒、脱粒、碾米、储存等，操作要求均十分严格。

京西稻的种植技术与流程

流程	内容	技术要求
平整稻地	平整稻地、施肥、搂垄抹埂、打豆眼、灌水、薅第一遍地	整地与施肥：小满前完成，先是肩挑两个粪箕子步入稻田，肩不离担，左右手各攮紧装满大粪干的粪箕子，均匀地撒向四周，然后挪动几步，再重复这一动作。当所有稻田都撒匀底肥后，再用四齿钉地，深约四五寸[①]，一钉一转，顺势将稻茬子翻进土里，并将土块敲打细碎，底肥也就翻入土里。 搂垄抹埂：即用四齿将田埂搂出毛茬后，用铁锹在新茬两边培上泥土，再抹光、抹平、拍实。经过修理的新稻埂，上边要能走人，特别是当人挑苗时，埂不能塌陷。 打豆眼：在刚刚整好的稻埂上，趁其还不干硬时，在稻埂两侧靠上的位置，每隔40厘米，用柳叶锹挖出一个倒三角形的洞，为不久后种豆做好准备。 灌水：颐和园东墙底下的涵洞闸打开，清澈冷冽的玉泉山泉水，经昆明湖日晒增温后，灌入稻田。 薅第一遍地：稻农们站在田里，用两只手像蛙泳似地将水田弄（糊碌）平。而遇到没泡开的大粪干，还需要用手掰开，塞进泥里。
育秧	做秧苗池、选稻种、催芽、种豆	做秧苗池：不仅要筛好细土，还要求土壤的酸碱度必须适中。苗池一般为五尺[②]宽，三丈[③]长的矩形状，两边做出水沟。稻农用四齿刨上四五寸深，将稻茬子捞出去，苗池面低于地平面（后来又做出高出地平面的高畦）。 选稻种与催芽：谷雨前后，将筛过的并经风选的稻种放入盐水池中浸泡一昼夜，捞出后泡在大缸里，盖严催芽。泡了七八天后，将稻籽拿出，放在铺于地面的席子上，用湿麻袋捂上三四天。将催芽后的稻种均匀地撒在秧苗池上，让稻籽粒相互簇拥着，再撒上一厘米左右厚的细土，并打上一二寸的水。待苗出齐后，放入不超苗身一半的水。 种豆：在稻埂的每一个三角洞上撒上三粒黄豆，从胳膊上挎的粪箕子里抓把土撒入三角洞里，再用脚踏一踏。

---

①1寸≈0.0333米　②1尺≈33.33厘米　③1丈≈3.33米。

流程	内容	技术要求
插秧	插秧、除蚂蟥	插秧：小满插秧。插秧时稻田表面要有一层水，一般厚度在一寸左右。插秧分工是每人六垄，中间的先插二行，两侧的向中间看齐，阶梯式后退。插秧伊始，一墩苗头有五六颗就够，若尺寸大些，插七寸垄，则每墩用三四棵苗或四五棵苗。插上三四天，就要变成六寸垄，每墩相应增加几棵苗。再过几天，每墩苗就要达到十多棵。苗子必须长壮再插，否则穗头少，影响成熟期。插苗的深度，一般在一寸左右，若插二寸深就不易分蘖，插半寸又太浅，易倒伏。还要注意的是不能插斜秧，苗必须插直，苗眼还要小。 除蚂蟥：插完秧后，要将每格地中的上、下水，相错开口。在下水口处会飘动着很多蚂蟥，稻农用筛子捞出后倒在田埂上用脚碾死。
薅地	薅第二遍地、施肥、薅第三遍地、晒田	薅第二遍地：芒种前后，10～15天完成，俗称"弥眼儿"。稻农下到田里，每人分摊六垄走一遍，一方面将小草拔出后摁在泥土里；另一方面用手将稻根与泥土链接处的空隙抹实，让稻苗不晃悠，稳稳地生长。 施肥：施头遍肥。其标准是，一亩投放40～45千克饼肥，也有用粪干的。 薅第三遍地：农历六月二十日左右，要用手指甲抠入二寸深的泥土内，将每墩苗四周薅松，薅得稻苗东倒西歪。还要顺便将小草揪出，团成一团，塞进泥土里。 晒田：让稻地自然晒干，甚至裂出大口子，能看见稻苗的根须。光能照射到根底，可促进稻秧的氧气循环。
灌水养稻	灌水、薅第四遍地、除蝗虫、放水	灌水：农历七月十五前后，稻农开始往地里灌水。 薅第四遍地：拔除稗子。 除蝗虫：杀死蝗虫。 放水：农历九月二十日前后，把田里的水放出。
收割	割稻、晒稻、平整场院、摞稻子、扬场、碾皮	割稻：农历十月初，收获期掌握在10天。割得快的人站在最左侧，每人承担六道垄。割稻人左手虎口朝下，左臂拢着稻子，右手持镰刀割稻。当左臂夹着适宜墩数稻后，右手不扔下镰刀，左右手配合非常协调地打个袖，将稻子捆好，铺在地上晾晒。其他人呈阶梯式队形，重复上述动作。 晒稻：收割后的稻子会晾在稻地里，日光照射使稻子的水分逐渐减少。当稻子全部收割并晾晒数日后，稻农将稻捆或斜放在稻埂上，或将几捆稻子竖堆在一起，继续晾晒。

续表

流程	内容	技术要求
收割	割稻、晒稻、平整场院、摞稻子、扬场、碾皮	平整场院：稻农要将场院平整好，为打稻脱粒做好准备。 摞稻子、扬场等：当稻子晒好后，要用扁担将稻子挑进场院，每挑够75千克重，一般要挑10多天。后来经济条件改善，置办了马车、牛车等运输工具，稻农就用手将稻子抱出稻田，放到牲口车上，减轻劳动强度。经摞稻子、扬场等工序后，将稻谷装入麻袋，一包65~70千克，肩扛上囤。 碾皮：用碾子先将稻谷的皮去掉，再将包着米的外层薄皮碾掉。碾好的大米便是成品。

2. 水土资源管理技术

在海淀京西稻的栽培中，其核心的水土资源管理技术包括以下几个方面：

一是利用地势高差，逐级蓄水。清代在玉泉山东南建高水湖、养水湖、水泡子、昆明湖，修建大量闸涵，由高到低层层蓄水；修建石渠，引西山泉水，汇入诸湖，把当地水资源充分利用起来。

二是晒水增温。先将玉泉山的泉水蓄积湖中，经过日晒增温，再用来灌溉稻田。

三是冷泉引流。用泥土圈围田中泉眼，把冷水引出田外。

上庄水库（海淀区水务局/提供）

　　四是兴修河渠水利工程，形成层级分明的灌溉系统。海淀北部地区延续这一传统，借助京密引水渠，兴建上庄水库，并实施大规模的农田水利建设。

　　五是有机肥施用。京西稻产区稻农使用大粪干、豆饼、高温堆肥、薅草还田等手段提高土壤肥力。他们还由南方引进施猪毛、鸡毛的技术解决地寒问题，增加肥力。

　　而在房山大石窝镇，当地农民创造性地利用泉组实现平原的稻田的自流灌溉。人们利用修建水塘的办法把平地涌泉收集起来，在塘边壁一定高度上开口挖沟，将沟渠围绕稻田环状修筑，利用泉水出水的动力和小的高度差形成水在沟渠内的自流。需要灌溉水田时，农户只要打开沟渠与自家水田相连通的接口即可实现灌溉。而不需灌田时，将沟渠与水田接口堵住，能够保持水在沟渠内的自由畅行。泉水随沟渠环绕一定面积的水田一周后，余水流入源泉塘或其他泉塘，实现循环。在十渡镇，农民利用拒马河河岸的天然坡度，修建沟渠，引河水实现自流灌溉。

大石窝镇稻田自流灌溉系统（袁正/摄）

　　此外，水稻种植需要充足的养分，通过水环境和有机肥料的施放，形成完整的养分循环过程：将稻茬留在地里化为肥料，补充土壤肥力；发展对稻鱼稻蟹等的养殖，使动植物及土壤之间的养分交换更加频繁和有效。稻农在病虫害防治方面也积累了较丰富的经验。病害治理主要通过培育更优良的稻种来实现，这促进了水稻品种的改良，也是一种较为环保的方法；虫害治理主要采用生物灭虫技术，如在稻田养殖鱼、蟹，吸引各种食虫鸟类在稻田中繁殖以捕食害虫等，可达到安全、环保、无毒的绿色生态要求。

万寿山与昆明湖（海淀区档案馆/提供）

植物园水景区（刘东来/摄）

植物园湖区（刘东来/摄）

（三）
多样的传统工具

北京地区用于水稻种植和加工的传统工具丰富多样。

用于犁地的工具有普通制铁犁、七寸步犁、双轮双铧犁等，还有一些形制的犁只在一定时间内使用过，后由于牵引费力等原因被弃置不用。普通铁犁是各种改装犁的基础形制，由连在一根横梁端部的厚重的刃构成，通常系在一组牵引它的牲畜或机动车上，也有用人力来驱动的，用来破碎土块并耕出槽沟从而为播种做好准备。

镐、铁锨、锄等是耕垦、翻地的主要工具。

秧凳用于辅助除草。农民在除草时，跪于田中，将秧凳挂在脖子上，其对高度的控制能够使农民更容易地分辨杂草与稻秧，从而提高除草效率。

桔槔、戽、辘轳、水车等农具用于灌溉。桔槔俗称"吊杆""秤杆"，是汉族古代农用工具。这是一种原始的汲水工具，是在一根竖立的架子上加上一根细长的杠杆，当中是支点，末端悬挂一个重物，前段悬挂水桶。当人把水桶放入水中打满水以后，由于杠杆末端重物的重力作用，便能轻易把水提拉至所需处。一起一落，汲水可以省力。桔槔早在春秋时期就已相当普遍，而且延用了几千年，是中国农村历代通用的旧式提水器具。水车是一种古老的提水灌溉工具，也叫天车。水车一般高10米多，由一根粗壮的车轴支撑着24根木辐条，呈放射状向四周展开。每根辐条的顶端都带着一个刮板和水斗。刮板刮水，水斗装水。河水冲来，借着水势的运动惯性缓缓转动辐条，一个个水斗装满了河水被逐级提升上去。临顶，水斗又自然倾斜，将水注入渡槽，流到需灌溉的农田里。

农村的稻田里和村落里旧时时常有老鼠出没，农民会自制捕鼠夹杀灭老鼠。

传统稻田多施用农家肥，农民用多用粪叉、粪勺给农田施肥。

镰刀是主要的收割工具，由刀片和木把构成，有的刀片上带有小锯齿，现仍广泛使用。

连枷和谷斗是主要的脱离工具。连枷又称枷，是一种手工脱料的器具，其制法为取木条四根，以生草编成。谷斗通常为木制，圆底鼓形，上下两端用铁条箍牢，上方敞口，可用来脱粒，也可用来称量粮食，有"斗"的用途。

用于净粮的工具包括扇车、簸箕、木锨、筛等。扇车即风扇车，古代汉族劳动人民发明的用于清除谷物中的颖壳、灰糠及瘪粒等的一种农具。是一种能产生风（或气流）的机械，也叫飏（扬）扇、扬谷器、扇车或扬车。发明于汉代，由人力驱动，用于清选粮食。簸箕是用藤条或去皮的柳条、竹篾编成的大撮子，扬米去糠的器具。现仍有稻农家中保留了一些传统农具，簸箕就是其中之一。

背架、背篓、端筐、手推车和畜力大车等是用于运输的工具。这些工具配合人力和畜力用来搬运粮食与其他重物。

其他农具还包括捞取浸泡种子的笊篱，捣米和舂米的石臼，挑运的扁担等。

稻田管理与稻米生产使用的传统农具（袁正/摄）
（从左至右，从上至下：秧雍、耖、簸箕、扇车）

（四）
宝贵的传统知识

稻田水增温。稻田水源主要来自泉水，水温较低。人们利用湖泊、闸涵层层蓄水，使泉水经过太阳的照射增温，以提升稻田地温。同时，人们还借鉴南方稻田中施猪毛、鸡毛的办法，为稻田保温，并提升其肥力。

挖掘土地潜力。利用不同类型的水田种植不同作物，"水田除种稻以外，则种荷鲜，如红白荷花，活水急流之处则种慈姑，正式水地尚可种荸荠、菱角，下等水深之地种老芡头"。人们利用水田种藕、荸荠、菱角，在水流急的渠道种植茨菰、不好的地上种植老芡头等。人们还在稻田田埂上种植毛豆、油菜等作物；在道边、河堤种植柳树；利用坑塘河渠养殖北京鸭。

传统北京鸭（海淀区档案馆/提供）

建立用排水制度。每到插秧季节，人们就减少园林和城市用水，保证稻田水量供应，各闸涵放水，灌溉稻田。雨季时适时开闸放水，保证稻田所需的正常水位。

清代海淀地区水道图（岳升阳/提供）

遵从节律。严格按照传统农时节令和当地物候种植水稻，控制每一道工序的时间，如谷雨前后播种，小满插秧，芒种前后薅第二遍地，且需在10~15天内完成。

此外，在京西稻作文化系统内，一些与农业生产密切相关的传统知识通过农谚、俗语的形式得到传承。例如：坡地平一顷顶三顷，两山夹一嘴山前必有水，立夏草锄尽秋后粮满仓，人勤地不懒，高低不过寸寸水不露泥等。俗语"六郎庄的绑腿——骆驼皮"，用来形容京西稻稻农在水田插秧时的防寒装备。

传统知识还体现在对生物多样性的保护方面。一些鸟类如鸦、鹰是满族的图腾生物，而满族萨满教传统的万物崇拜也在后世思想和文化中留下了有敬畏万物的思想和不随意捕杀鸟类的规训，客观上实现了对系统内生物多样性的保护。

治虫一直是稻田田间管理的重点和难点。在房山京西贡米保护区，农民通过及时清除田间和地头的各类杂草，减少病虫害传染源和杂食性害虫的食源，有"要让虫害少，锄净田间草""不怕苗儿小，就怕虫儿咬""季季防灾，时时治虫""治虫没有巧，治早和治小的谚语"等谚语，一直流传至今。

四

积淀深厚的稻作文化

北京京西稻作文化系统

（一）
贡米文化

　　京西稻作文化蕴含了丰富而鲜明的农耕文化，其中以皇家稻作农耕文化为代表。清朝时京西稻种植在由皇帝亲自开辟的"官田"之中，以玉泉山山泉水灌溉，由国家机构管理，寄寓着数位清帝"以农为本"的治国理念，是农业生产的国家示范田。康熙、雍正、乾隆三代皇帝御制《耕织图》，描绘京西稻的种植技艺。每年收获后，他们还要举行祭祀活动，以求风调雨顺。

　　明确的政治需求。清代皇帝大部分时间驻跸在三山五园，处理朝政。畅春园、圆明园、静明园、清漪园等园林内均设有稻田，皇帝以此观稼辅政。乾隆皇帝在传统的先农坛、丰泽园耤田仪式之外，也把御苑耤田带到三山五园，还在圆明园西面的稻田举行过耕种仪式，以示重农之意。

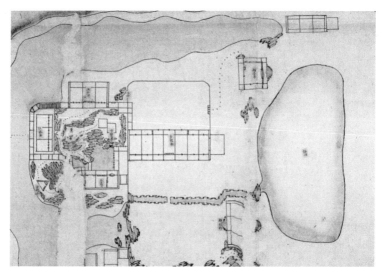

圆明园多稼轩与稻田（国家图书馆藏清样式雷图，清城睿现公司/提供）

皇家御园管理机构负责管理。清雍正皇帝专设总理玉泉山稻田大臣，将京西稻田转归奉宸苑管理。皇家管理是京西稻作为御稻田的显著特征。

　　稻田景观与皇家园林艺术结合。清代皇帝将三山五园内外的稻田与园林景观巧妙结合，形成山水田园的整体景观，整个区域呈现一幅完整的水乡画卷。

　　京西稻承载了皇家稻作农耕文化的历史积淀，塑造出三山五园的稻作历史文化景观，凸显出传统稻作景观与园林艺术结合的文化特点。皇

20世纪30年代左右玉泉山下稻田（颐和园管理处/提供）

北坞公园的京西稻（杜振东/摄）

家稻作农耕文化保护与传承了三山五园的历史文化价值，尤其是颐和园，作为世界文化遗产，保护其周边的京西稻历史环境，意义重大。

京西稻作文化不仅包含清朝官方建立的"皇庄"，而且包含民众自发传承进行的稻米种植，是集合皇家文化与民间文化为一体的稻作文化。"御米皇庄"的贡米文化和平民稻作文化深入人心。

皇家粮仓（王东向/摄）

三义庙遗迹乾隆御碑（房山区种植业服务中心/提供）

房山京西贡米保护区地处清皇宫到皇陵的必经之路上，境内还有清皇室成员墓，因此是清皇帝祭祀祖陵途中休憩之处。而皇帝当年在行宫休憩之时，观赏房山稻田景色曾留有诗词数篇，并御笔留迹。如庚午年秋乾隆做《水碓一首》中有

"何必机心鄙桔槔，且喜西成中上熟。比栉长茎硕穗垂，场中仍有滞与遗。秋社饮余免饥色，邻里鸡犬还兹肥。"而戊辰仲秋乾隆的《秋麦一律》则言："连畦细细复芊芊，绿接平畴荡晓烟。纳稼应期欣有岁，服田转瞬计明年。四民久识农为苦，酺常乔迁食天。冬雪春霖原时差，愁怀对比且纾然。"

(二)
民俗节庆

数百年的水稻种植形成了丰富的京西稻作文化习俗。京西稻作文化系统内保留着许多民间传统习俗及节庆，且多与水稻生产有密切关系。如立夏习俗活动保留了传统的吃百家粥、挂蛋、给孩子称重、挂带疰夏包等节事。2009年海淀苏家坨镇"立夏习俗活动"被列为海淀区非物质

海淀区苏家坨镇的"立夏习俗活动"（苏家坨镇/提供）

文化遗产项目。再如，在除夕时用粳米和小米做成二米子饭，摆在供桌上，象征金山银山，表达了人们的美好愿望。

开秧门与稻菽节是房山京西贡米保护区农民自发庆祝的两个主要传统节庆。开秧门是人们在开始插秧前举行的祭祀仪式，插秧结束后大家会共享食物庆祝插秧完成。稻菽节是庆祝收获的节日，在霜降前后，长沟镇"御塘稻"丰收时，人们以共同劳动、分享食物、祭祀等方式庆祝丰收。

除农业祭祀外，汉族主要的传统节庆及节日文化，如腊祭、祭灶、春节、元宵、社日、清明、端午、中秋、重阳等在京西稻作文化系统内都有所传承。

稻作文化节（王东向/摄）

稻香小镇举办开镰节（王东向/摄）

中学生参与海淀京西稻收割节（米得全/提供）

参与房山秋收节的北京市民（房山种植业服务中心/提供）

（三）
饮食文化

　　和其他稻作文化系统一样，大米也是京西稻作文化系统内人们普遍推崇的主食。御塘米"七蒸七晒、色泽如初"的说法是由当地一种传统的大米食用方法得来的。当地人传统的吃米方法是以大锅来煮，米熟后不焖，直接以笊篱捞出食用，称为"捞饭"。而当餐吃不完的米饭，放在干净的饭板上晾干，下次仍能继续作为生米使用。而传统御塘米能经历七次为米、七次为饭的制作，色泽、口味不变。

　　将米与豆腐一起蒸、以荷叶包裹蒸煮等也是当地较有特色的吃法。而将大米磨碎还能制成米粉，做出粉蒸肉等当地居民喜爱的食物。另有米饭饼、二米子饭、藕馅饺子、藕丁粥、荸荠粥、荷叶粥、莲子粥、肉焖慈姑、炒茭白、炖泥鳅、焖酥鱼等美食。

　　此外，大米和米饭还是当地汉、满两族在日常和人生仪礼中的重要用品。无论汉族还是满族，在祭祀时米饭都是必不可少的祭祀品，有的人将其包裹在荷叶中，也有的人直接用碗盛放。汉族人结婚时，男方需给女方送8千克稻米作为聘礼。在举行丧礼时，主家会用做一锅捞饭，宴请前来悼念的亲朋好友，以示感谢。

京西稻大米粥（颐和园管理处/提供）

（四）

民间艺术

　　房山长沟镇和大石窝镇较好的保留着北方农村传统艺术形式。国家级非物质文化遗产菊花白酿制工艺、北京市非物质文化遗产秧歌、太平鼓会、房山区非物质文化遗产京绣等都是这些民间文化艺术形式的代表。农闲时节，海淀六郎庄等地的稻农自发举办花会活动，其中扭秧歌、耍五虎棍等在京西一带非常出名。六郎庄五虎棍古时受过皇封，被称为皇会，现地则被列入北京市市级非物质文化遗产名录。

房山区水稻插秧节（十渡镇/提供）

海淀区冬季冰雪民俗文化季（米得全/提供）

稻香小镇（卢长江/提供）

　　秧歌是我国北方地区广泛流传的一种极具群众性和代表性的民间舞蹈。秧歌在中国已有千年的历史，明清之际达到了鼎盛期。清代吴锡麟《新年杂咏抄》载："秧歌，南宋灯宵之村田乐也"。关于秧歌的起源，民间有一种说法是古代农民在插秧、拔秧等农事劳动过程中，为了减轻面朝黄土背朝天的劳作之苦，所以唱歌曲，渐渐就形成了秧歌。另一种说法根据《延安府志》的记载"春闹社，俗名秧歌"，认为秧歌可能源于社日祭祀土地爷的活动。南宋的周密在《武林旧事》中介绍的民间舞队中就有"村田乐"的记载，清代吴锡麟的《新年杂咏抄》中明文记载了现存秧歌与宋代"村田乐"的源流关系。无论哪一种说法，都证明了秧歌是与农业生产活动息息相关的艺术形式。京西稻作文化系统内群众表演的秧歌为地秧歌，即不踩高跷的秧歌。这种艺术形式传承至今，仍是农村群众喜闻乐见的群体性活动。

秧歌（房山种植业服务中心/提供）

（五）

社会组织

农业生产的组织形式所形成的传统农业社会的基础组织也构成了民间文化的一部分。在京西稻作文化系统内，无论汉族还是满族，实践农业生产行为都是以家庭为基本单位的。传统的汉族通过家族将家庭组织起来进行生产资料的共享和产品的分配，而满族利用八旗制度将旗人组织起来。

大石窝镇高庄村是清朝时生产御米的皇庄，庄内多为满族正黄旗旗人，其管理按照满族八旗制度执行，即每300人为1牛录，设牛录额真1人；5牛录为1甲喇，设甲喇额真1人；5甲喇为1固山，设固山额真1人。清朝时，皇庄内只为皇帝种植了"一亩三分地"，其余土地生产出的产品交由皇庄拥有者。而庄内由于耕地面积较小，所需劳动力有限，人口数量不足300，未能形成牛录，而是与邻近的其他农庄旗人共同构成牛录。

除了生产组织，水资源的分配和利用也通过社会组织进行管理。自流灌溉由民间水利互助会管理，如稻地八村（现位于河北涿州境内）水利互助会、房涞涿灌区管委会等。各用水村推荐有威望的人组成管委会，负责调水，水利设施建设维修，用水纠纷调解。有五五分水、三七分水等传统做法。

京西稻赋

杜振东

植于京畿，育自清皇。万泉润泽，御苑流芳。伴宫中仙乐以繁生，官称御稻；经百年辛劳之稼穑，淀产皇粮。

溯本追源，获驯化于神农，有万年之稻史；传香播韵，载诗经更甲骨，伟上古之农情。康乾育培，铺绿毯而绣南亩；野农栽种，孕金穗而荡秋风。三帝吟诗，耕织图延绵千古；五园引赋，紫金箍凝聚文明。

景明楼白鹭翩飞，翁山泊静影沉璧，垄亩间秧绿穗繁，玉河旁荷绽蜂觅。湖畔桃红柳绿，堤岸扬花；田内鱼跃蛙鸣，平畴吐蜜。水乡形胜，喜看稻浪千重；玉山景奇，惊闻趵突漫溢。

日丽青园，风魅阡陌；月亲碧野，雨唤苍穹。粥熬老少适宜，名属粳米；饭捞软硬可口，特供皇宫。慈禧盘精，膳堂择食御稻；庄户锅冷，卖青救济囊空。

情传稻作，彰显民族文化之兼容；傲问农耕，昭示人类遗产之厚重。金箍绕紫，数载流芳；越富缠金，多年骄宠。官碾房同稻田厂，官营御稻之地标；六郎庄携北坞村，民种贡米之梁栋。

两山俯瞰丹青，深含意境；双河潆绕绿蓐，永润文源。高养二湖，吞吐泉流功难没；真关双寺，缘起胜地名承传。功德寺，米供内廷；泉宗庙，皇赐泉冠。禾叶沃若，穗粒甘甜。人沐朝露，稻熟永年。

【双调】新水令·京西稻

王文奎

京西米煮成米饭如嫩香醪，看起来颗颗圆润粒粒儿俏。晶莹人眼耀，香气四方飘。要问米中娇，数这中外闻名的京西稻。

【驻马听】这稻儿历代领风骚，曾经在皇家园林里茂；康熙亲诏，畅春园观赏赋诗豪，名冠"御稻"贡王朝。南风吹过稻弯腰，乐丰饶，名声誉满神州道。

【沉醉东风】这稻秆儿粗壮迎风不会倒，穗穰穰其状其景真难描，是优种保护它，是产业勤倡导。飨平民总理旌褒，京西稻故乡喜气高。清风起，佳名永葆。

【折桂令】看田间簇簇绿秧苗，滚浪滔滔，摇曳堪骄。观者钦奇，专家叫好，主客陶陶。都惊诧这般称号，齐追寻特性丰标。"越富""金箍"，联袂生娇。玉泉水默默引来浇，京西稻孕育诗钞。

【沽美酒】这水稻霞染姿容色更娆，几代费辛劳。科技栽培成聚焦，文章大昭，后来者，擎旌纛。

【太平令】这水稻秆粗叶茂，这水稻紫气云飘，这水稻频传捷报，这水稻漂洋随棹，这水稻身价儿高，质量儿好，品牌儿老。百姓相传告，送礼就送京西稻！

【离亭宴煞】京西稻运来时到，千年的遗产红红地闹。更稻香文化明珠儿耀。贡米创新牌，稻香园区格外俏，稻香村酒店客人满堂爆。纪念馆里逍遥走一遭，追源溯本知深奥。这壁厢是农业部颁名优产品连连列前茅，那壁厢博览会上评选占头鳌。蟾宫折桂冠，国际金杯抱。亮崭崭一枝独秀苗，乐融融禾在园林笑。我这里吹箫谱宫调，待到那收割节呀，再把京西稻的香味儿细细地嚼。

京西稻田春游

董汝河

谁携春梦到京西？万垄东风正满畦。
好雨知时勤润世，新秧吐绿未沾泥。
遥吟劝稼康乾句，仰看兴农镰斧旗。
小院寻餐情更甚，清香粒粒惹诗题。

沁园春·咏京西稻

屈 杰

海淀风熏，翠浪翻腾，御稻吐芳。望青龙桥下，紫芒映日；六郎庄上，金穗呈祥。渴饮清泉，饥餐月露，丽质莹莹琥珀光。凝脂滑，拟羞花妃子，落雁王嫱。百年世变沧桑，忆往昔悠悠垄亩长。叹农夫挥汗，难尝半口；官家拱手，坐享千仓。地覆天翻，分田到户，惠雨丝丝乐岁穰。韶华好，正香萦玉碗，誉满遐方。

题京西稻联

王友来

燕都昔日，几度沉沙，几度繁华。数皇家贡米，最是京西御稻。望蓟门，云树轻烟，千村播绿翻金穗。引玉泉润泽，沃土深耕；圣祖扶犁，三春试种。推越富，荐紫芒，吟赋稻清诗，文词隽永。

赤县今朝，一番养晦，一番超迈。立碧浪潮头，须凭华夏新农。看海淀，铜钲鼙鼓，万马奋蹄奔小康。倚法典亲民，城乡巨变，陶公圆梦，四季飘香。揽魄君，邀诸葛，定兴农大计，社稷绵长。

独特精美的稻作景观

五

北京京西稻作文化系统

在水资源短缺的华北平原大地，京西稻作文化系统这个得天独厚的水乡稻作系统宛若大地上的明珠般，闪烁着别具一格的璀璨光芒。这里有生态田园湿地景观，有宛若江南水乡的别样风光，当它与皇家园林的三山五园相遇时，便构成了最具地方民俗特色的天然画卷。

（一）
山水田园湿地景观

北京地区以旱作农业为主，海淀京西稻保护区在降水并不充足的条件下形成了水乡文化生态景观。区内泉流湖泊密布、沟渠纵横、稻田广阔、水生植物多样、园林植被茂密，还有野鸭、寒鸦、白鹭等多种禽鸟

海淀稻田白鹭（王东向/摄）

颐和园及园外稻田（海淀区档案馆/提供）

海淀区西马坊的大片京西稻（卢长江/提供）

和北京鸭，以及夏季相对凉爽的小气候，劳作的稻农和多种农事活动赋予稻田民俗文化的寓意，共同形成以西山、玉泉山、万寿山为背景，以皇家园林为衬托的京西稻作农业生态景观和民俗文化意蕴，为首都增添了绿色，成为城市中不可多得的农业湿地景观。

在房山京西贡米保护区，最突出的展现是稻田与淡水泉、河流、湖泊、草本沼泽、库塘相邻共存，所形成的和谐共建的湿地景观。区内各乡镇将当地特色资源融入稻田景观，因地制宜地构建了各具特色的稻田景观。这种景观不仅实现了土地和自然资源的合理利用，创造了良好的生态环境，更是一种美学观感上的享受。

房山京西贡米保护区的稻田与荷塘（袁正/摄）

大石窝镇围绕淡水泉眼分布的稻田（袁正/摄）

在大石窝镇，人们利用当地特产的汉白玉石配合淡水泉眼、河流、草本沼泽等景观修筑成漂亮舒适的景观公园。而这些淡水泉眼周围是大面积连片的稻田、农田和混于其间的防护林。在稻田中间涌出的泉水经过稻田实现循环，另一部分泉水则用于补给河流和河流周边形成的草本沼泽。站在田边，眼前一片绿色之中有端庄的白，听着流水与蛙鸣，有一种混合视听的惬意感受。

在十渡镇，距离拒马河主河道不足百米处，稻田呈缓阶状沿河岸分布，稻田附近有大面积的鱼塘、库塘，稻田中也修建有小型的鱼塘。房山区在此处尝试种植景观稻田，通过不同品种的彩色水稻构建观赏性稻田景观，以此与十渡旅游结合，在进行景观展示的同时，也配合开展农事体验与教育活动。

十渡镇拒马河畔游人插秧（十渡镇/提供）

北京长沟泉水国家湿地公园

长沟湿地由长沟地区众多泉水汇集而成，包含有南、北泉水河，龙泉湖，稻田等湿地类型。该镇有常年奔涌不息的泉眼上万个，湿地面积近万亩，素有"北方水乡"的美誉。此次规划建设的国家湿地公园主要由四个功能区组成：湿地保育区，位于公园西侧，禁止游人进入，除为湿地保护及科研所必须设施外，禁止其他人工设施建设，以保证湿地生态系统的完整和最少的人工干扰。湿地展示区，位于公园东侧，负责重点展示湿地生态系统、生物多样性和湿地自然景观，是集科普科研、环境教育、湿地功能展示、生态旅游、文化展示等多种功能为一体的重点区域和精品区域。湿地游览区负责开展以湿地景观为主体的生态游览和自然休闲活动，重点建设湿地观鸟区、滨水游览区、水上活动区、农业观光区、泉水保护游览区等。服务管理区负责做好旅游接待、住宿、餐饮、会议、休闲等服务。

该公园以有效保护首都西南生态脆弱区罕见的淡水泉资源与京津冀海河流域上游水源地生态系统为根本目的，以国家湿地公园为载体，以潜水汇集而成的泉水补给型湿地生态系统完整性和生物多样性的保护恢复为核心，打造具有重要保护价值的湿地生态系统典范。公园涵盖了以稻田湿地为重要组成的生态系统，并使之与稻作文化相互融合，成就稻田湿地系统典范。

资料来源：中国环境科学院　天泽（北京）湿地保护技术研究院　国家湿地保护与修复技术中心《北京长沟泉水国家湿地公园总体规划（2015-2020年）》

（二）

宛若江南水乡景致

经过几百年的开发，到明清时期，海淀一带的万亩稻田和大量的荷塘湖沼、溪水流泉，构成了宛若江南的水乡景色，我们从明清两代的文人笔记和志书中可以看到许多有关京西稻作景观的描述。元明时期的瓮山泊，因地处京西又颇具江南景色，而被誉为杭州的西湖，称为"西湖景"。湖旁"菱芡莲菰，靡不必备，竹篱旁水，家鹜睡波，宛然如江南风气"。在西堤旁,"稻畦千顷",有"十里荷花"。翁山下,"度山前小路而南,人家傍山临湖,水田棋布"。在六郎庄一带"水田龟坼,沟塍册册",王嘉谟盛赞此地"盖神皋之佳丽,郊居之选胜也"。到清乾隆年间,六郎庄到巴沟一带已是"两岸溪田一水通,维舟不断稻花风",墨绿的稻田与小桥流水、淀塘清波构成一派水乡景色。

十里荷花（海淀区档案馆/提供）

海淀一带的稻作景观一如江南，除稻田外，还种有莲藕、荸荠、菱角、蒲草、芦苇等水生植物，有"红花莲蓬，白花藕"之说。明人有"输君匹马城西去，十里荷花海淀还"的诗句。村旁、堤畔杨柳低回，柴篱檐角隐现于绿荫之后，塘、堰、桥涵错落田间。西湖岸边，"苹果遥雁骛，树霭带林园"。长堤内外，片片荷香，远山近水相映成画。这种水乡景色与北方干旱少雨、到处风沙的景象形成鲜明对照，优美的景观和良好的生态环境，使之成为京城的旅游避暑胜地。

对于海淀地区的稻作水乡景观，不论是南方人还是领略过南方景色的北方人，都会触景生情，引起对江南美景的回想，认同它所具有的南方水乡特色。这种深深印刻在人们心中的景观图像，可以从大量的诗文中反映出来，几百年来未曾断绝。明代王直有《西湖》诗："堤下连云粳稻熟，江南风物未宜夸。"傅淑训有《玉泉山》："全画潇湘一幅，楚人错认还家"。袁中道的《裂帛瑚记》描写玉泉山下的景象："大田浩浩，小田晶晶，鸟声百啭，杂华在树，宛若江南三月时矣。"蒋一称其"酷似江南风景"，袁宗道说它"似江南"，江苏人邹佐卿更有"不道身为客，还疑是故园"的感觉。刘侗也形容它"一如东南"。扬州人梁于见此景色也颇有感触地写道："农依一水江南亩，客倦经年蓟北沙。"乾隆更是赞美它为"十里稻畦秋早熟，分明画里小江南。"这诗句确实是对人们心目中此地稻作景观的贴切表达。西郊水田已成为人们心目中代表江南水乡的文化景观符号，看到它就会联想起江南水乡的景色，它是海

六郎庄稻田（取自《海淀区地名志》）

淀最重要的特征景观。稻作农业不但形成了有若江南水乡的景色，也造就了京西稻，因此而名扬京城。张玉书《赐游畅春园玉泉山记》描述了由静明园外乘船去西直门的沿河景象："沿途稻田村舍，鸟鱼翔泳，宛然江南风景。"

　　清代皇帝颇重视农业，建设海淀园林，也念念不忘促进农业的发展，不但在园林周围开辟有大量田地，设置皇家的稻田厂，而且还在园中种植农作物。如畅春园内"无逸斋北角门外近西垣一带，南为菜园数十亩，北则稻田数顷"，圣化寺"北门门内西为河渠，东为稻田"。圆明园扩建时，"正东震方"既有"田畴稻畦"，"以应青阳发生之气"。圆明园中有农田多处，四十景之一的淡泊宁静，仿田字为房，有多稼轩、观稼轩、稻香亭等建筑，四周稻田弥望，河水周环。乾隆描述多稼轩说："朴室数楹，面室豁，东牖临水田，座席间与农父老较晴量雨，颜曰多稼。"四十景之一的北远山村，周围"禾畴弥望"。又，四十景之一的西峰秀色，"斋外水田凡数顷"，乾隆也想到要在此"较晴量雨咨农夫"。映水兰香"前有水田数棱，纵横绿荫之外"。以山为主的静明园中也有水田，静明园十六景之一的溪田课耕，"濒河皆水田"，乾隆仍然是"每过辄与田翁课耕量雨"。在圆明园的东园熙春园内有麦田2顷61亩5分，由民间租种，年交租银80两。乾隆五十一年（1786年），因所种春麦稀疏，长势微弱，牵连负责管理的官员受到罚俸的处罚。乾隆己丑《东园观麦》诗云："园林有弄田，借以农功考。"辛卯《东园观禾黍》诗云："命舆游东园，爱言观禾黍。高低绿芃，秀实次第举。虽不躬身末耜，

清代昆明湖畔长河两岸稻田（北京大学图书馆藏晚清绘画局部）

望岁甚农父。益殷祝时若，秋登庶可睹。"此外园中还有蔬菜，如杏花春馆"前辟小圃，杂莳蔬"。乐善堂有"菜圃数畦"。

在房山长沟镇，稻田地处长沟国家湿地公园保护区范围内，周围环绕着大面积的荷塘、库塘。春末夏初，稻田刚刚栽秧，农民还在田中劳作，近处是稀疏成排的小秧苗，远处是硕大连片的荷叶，伴随着多种鸟类的栖息，形成一片自然与人和谐共处的美景。到夏末季节，水稻抽穗，稻谷飘香，远处水域荷花绽放，水中鱼蟹畅游，空中鸟儿飞翔，配合更远之外的太行余脉，动静结合，形成静谧和畅的自然景观。

房山区长沟镇湿地与村落（焦雯珺/摄）

（三）
三山五园天然画卷

清代朝廷在海淀京西稻保护区建设皇家园林，并在园林内外进一步开辟稻田，大量种植京西稻。故京西稻田为清代皇家园林的重要组成部分，亦为皇家园林审美的外部借景。颐和园、圆明园、畅春园、玉泉山内均开辟稻田，还建有专用于观赏园外、园内稻田的亭、阁。

圆明园雍正行乐图册（圆明园管理处/提供）

圆明园观稻图和福海（圆明园管理处/提供）

　　玉泉山山泉水灌溉，不仅造就了京西稻优良的稻米品质，也使京西稻作为水乡景观要素与水景园林建设相得益彰，成为三山五园的景观标识之一。大片稻田既构成三山五园皇家园林的背景环境，三山五园各景区景点亦借此纽带互相串联，共同构成一幅天然画卷，美轮美奂。

玉泉山下的稻田（王东向/摄）

　　当皇亲国戚站在玉泉山和万寿山上俯视四周，山下不仅是水田连接两山，更是一幅天然美丽的水乡画卷。康熙令人绘制耕织图，并为每图赋诗一首。耕织图是将稻农、水牛、水田、农户等基本生产要素，与美学艺术相结合后形成的精致美图。欣赏美图让人如闻音乐，联想到诗歌舞蹈。大家熟悉的扭秧歌，就取材于京西稻的生产环节。雍正、乾隆也效仿康熙，令人绘制耕织图，亦为23幅耕图、23幅织图分别赋诗。京西稻田最为显著的功能是构成皇家园林的组成部分。清皇不仅在园子外面大面积种稻，且在畅春园、圆明园、清漪园（颐和园）、静明园（玉泉山）等园内也种稻几百亩。当年乾隆修建的清漪园的四周大部分是没围墙的，从园林向外看，稻田、村落、园子浑然一体，景色优美。

清代圆明园四十景图咏—水木明瑟—稻田区（圆明园管理处/提供）

玉泉山下界湖碑楼（海淀区史志办/提供）

玉泉山下观稻图（王志勇/摄）

由于清代皇帝在三山五园办公和居住的时间要多于紫禁城，海淀事实上成为京城的又一个政治中心。为上朝方便，很多官员在海淀镇、六郎庄一带购建了房产。特别是京城的汉官中很多人是江南祖籍，那里的鱼米之乡能年年在海淀再现，这对汉官内心深处是个极大的安抚。

历经祖孙三代皇帝130多年的打磨，京西稻与三山五园形成相互融合、密不可分的有机整体，一个全新、立体、多元的皇家园林展现在世人面前。

六

面向未来的发展之路

北京京西稻作文化系统

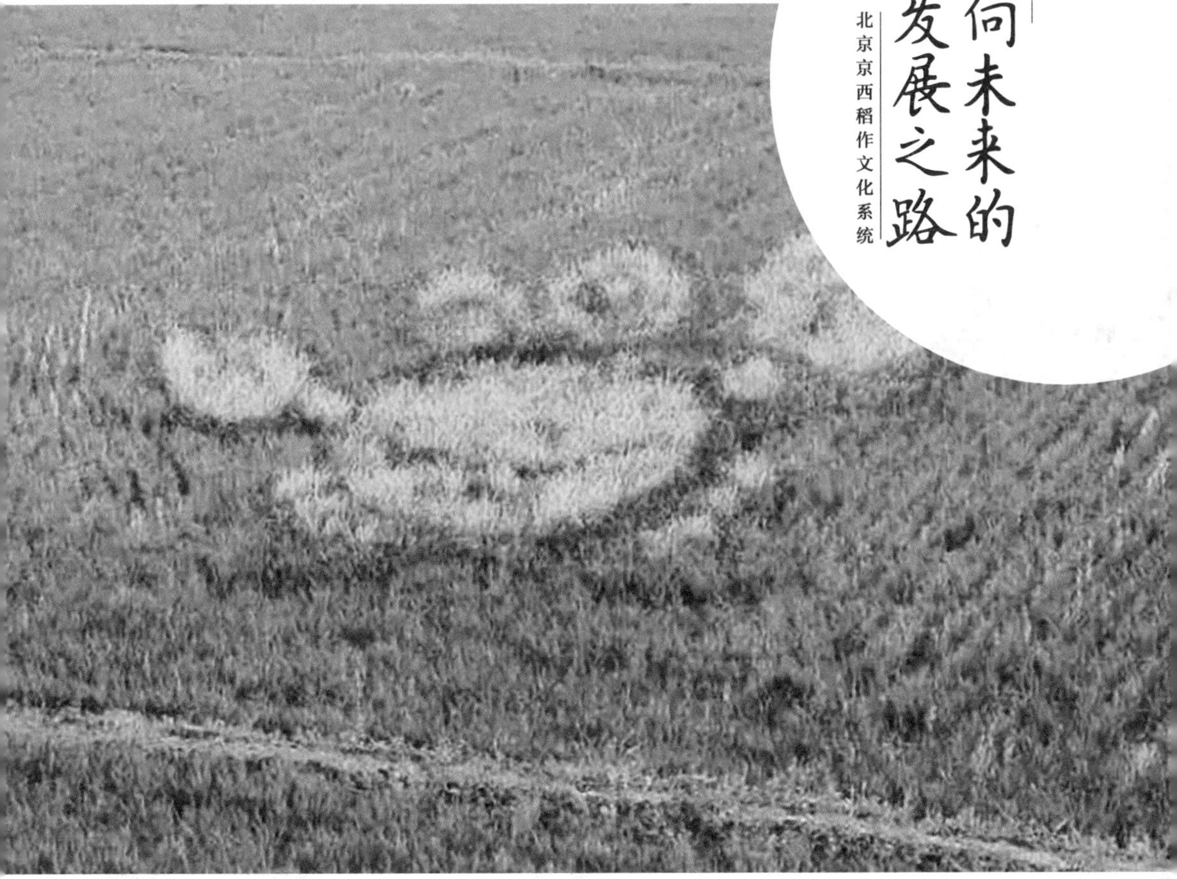

历史为我们绘制了北京水稻生产曾经的繁盛与迤逦景观，然而，随着现代社会的发展，土地、水源、务农人都已悄然发生了变化，海淀御稻田已然不复从前，房山的水稻种植面积也已大幅度萎缩。危机四伏，京西稻作文化系统又将何去何从？

（一）

危机四伏

城市化过程中近郊土地成为稀缺的资源，京西稻主产区的土地成为科技园区建设的基地。在城市化大背景下，京西稻主产区的众多村落成为旧村改造的对象。六郎庄村和功德寺村等地已经完成村落腾退工作。从当前来看，在海淀区未来的发展规划中，对京西稻的保护和恢复力度

稻香小镇航拍（上庄镇/提供）

不足。而在房山区，不论是全区还是长沟、大石窝等乡镇，水稻的种植面积较20世纪80年代均大幅度减少，而且面临着继续减少的威胁。水稻种植面积的持续减少严重威胁北京京西稻作文化系统的可持续性。

造成京西水稻种植面积减少的原因是多方面的：降雨量减少、河水径流量减少和地下水位降低，是水稻种植面积减少的客观原因；为应对水资源短缺，政府引导农民减少高耗水作物的生产，是水稻种植面积减少的直接原因；而劳动强度大、比较效益低，则是水稻种植面积减少的根本原因。

（1）水资源匮乏

华北平原的水资源短缺已是不争的事实，北京地区尤甚，海淀区的地下水已严重超采。近30年来，北京年均降水量总体上在减少，20世纪70年代为535.6毫米，80年代为465.5毫米，90年代为538.8毫米，21世纪初为464.4毫米。1980年海淀区地下水埋深为6.29米，2014年为27.8米，30余年间下降21米多。

据1960—1961年北京地质局水文地质大队调查，房山有山泉150余处。然而，20世纪70年代后，随着雨量减少，山区半山区的地下水位逐渐下降，不少山泉枯竭。1980年调查时，房山仅存山泉49处。到2011年普查时，在流并可测流量的泉不足20处。如今，受降水变化影响，河水径流量进一步减少、地下水位降低、水质下降，而居民生产生活的需水量却在不断增加。

（2）种植结构调整

2000年以后，海淀区与房山区的水稻种植面积大幅度减少，这在一定程度上受到政府为应对水资源短缺引导农民减少高耗水作物生产的政策影响。海淀区为节约用水，建设了绿色隔离地区，退耕还林，京西稻种植面积一度骤降至1700多亩。近年来，受到北京城市发展中农业功能的衰减、京津冀地区生态环境保护政策等的影响，京西地区的水稻种植面积面临着进一步减少的风险。

（3）比较效益低，劳动力流失

目前，京西地区的水稻种植面积较小，且水稻产量并不高，种植水稻收入相比外出务工收入十分有限。由于种植面积过小，难以进行规模化和集约化的生产，一方面水稻种植的规模化效益难以形成，另一方面只能依靠人力进行插秧、田间管理和收割。虽然现在多使用除草剂,很少有农民进行"挠秧",但水稻种植的劳动强度仍远远高于其他作物。比较效益低且劳动强度大导致农民种植水稻的积极性不高,特别是青壮年劳动力,更愿意选择外出务工。大量农业劳动力外出务工,从事水稻种植的劳动力以女性为主,高龄劳动力比重高。

随着水稻种植面积一起消失的是传统水稻品种和传统稻作文化。在房山京西贡米保护区,水稻种质资源流失十分严重,最具代表性的传统水稻品种御塘稻亦早已流失。20世纪50年代初,房山仍较大规模种植当地传统水稻品种。70年代以后,则越来越多的以杂交稻取而代之。80年代中期以后,传统水稻品种和保留传统水稻品种基因的杂交和选育品种陆续退出历史舞台,被国家推广的高产杂交稻所取代。2010年以后,区内几乎不见传统水稻品种的种植。颇有特色的"捞饭"代表着当地的饮食文化,在婚丧嫁娶中更是必不可少。然而,随着传统水稻品种、传统灶台器具的消失,保留"捞饭"这一饮食传统的家庭越来越少。

此外,受市场经济的影响和经济效益的驱动,现代农业技术不断冲击着京西水稻生产的传统方式。如今农民跪在水田中用双手除草并松土的情景十分少见,更多的是使用除草剂。随着河水径流量的减少、地下水位的降低,平原区稻田的自流灌溉系统难以为继,农民不得不使用水泵抽取地下水或河水进行灌溉,稻田的持水能力也显著下降。机械化与化肥的使用,虽然提高了水稻产量,但也导致了地力的下降以及土壤的板结。这都对京西稻作文化系统的保护与可持续发展产生了冲击。

(二)
机遇与挑战并存

1. 发展机遇

国内外对农业文化遗产的重视。2002年联合国粮农组织发起"全球重要农业文化遗产(GIAHS)"动态保护与适应性管理项目,2015年"全球重要农业文化遗产"成为联合国粮农组织的业务化工作。截至2016年年底，全球共有16个国家的37个传统农业系统被认定为全球重要农业文化遗产，其中中国有11项。2012年，中国农业部启动了中国重要农业文化遗产（China-NIAHS）的发掘与保护工作，截至2016年底共分三批发布62个项目。国内外对农业文化遗产的发掘与保护、传承与利用的重视，对中国传统农耕文化传承、农业与农村可持续发展、农业多功能拓展等具有重要意义，也为北京京西稻作文化系统的保护与发展提供了难得的契机。

国家对生态文明建设的重视。中国是一个以农业为基础的大国，农业生态文明建设在中国整体生态文明建设中起着基础性保障作用。党的十八大报告首次把生态文明建设纳入国家发展总布局，明确提出"给自然留下更多修复空间，给农业留下更多良田，给子孙后代留下天蓝、地绿、水净的美好家园"；中共中央总书记、国家主席习近平也在中央农村工作会议上指出："农耕文化是我国农业的宝贵财富，是中华文化的重要组成部分，不仅不能丢，而且要不断发扬光大"。这均体现出党、国家、社会对待农业生态文明的态度和意志，也为北京京西稻作文化系统的保护与发展提供了宝贵机遇。

地方政府的大力支持。北京市政府将三山五园历史文化景区建设纳入北京市的文化发展战略，海淀区政府更将三山五园历史文化景区建设作为科技与文化双轮驱动战略的重要组成部分，京西稻核心区的恢复与文化传承成为这一战略的重要组成部分。三山五园历史文化景区建设是恢复京西稻原生地的难得机遇，抓住这次机会必将极大地推动京西稻原产地稻田的恢复与保护。

古稻西丰家庭农场喷洒有机液酵素（刘利昌/摄）

　　食品与环境安全受到社会越来越多的关注。现代农业在带来粮食高产的同时，也因片面追求高产而引发了食品与环境安全问题。同时，随着人们生活水平的提高，对食品安全、食品营养的要求日益提高。社会对农产品的需求逐渐由数量型向质量型转变，消费者日益注重农产品的质量和品牌形象，市场上安全、绿色、养生的加工食品和鲜活产品的需求量不断加大。社会各界对食品安全的广泛关注为北京京西稻作文化系统的保护提供了良好的契机。

种植的油菜花供观赏并做绿肥（杜文山/摄）

海淀公园举办收割节活动（海淀公园/提供）

休闲农业成为人们重要的休闲方式。近年来，随着都市生活压力不断增大，人们越来越喜爱到城郊农村进行休闲、度假等活动。休闲农业逐渐成为都市人生活的重要组成部分，也是节假日游憩的重要方式。京西稻作文化系统是一种重要的旅游资源，具有发展休闲农业所需的各种要素条件。因此，可以凭借优越的地理位置和美丽的自然景观，发展具有特色的生态农业旅游，带动对北京京西稻作文化系统的保护。

2. 主要挑战

遗产保护与发展的长效机制尚未形成。京西稻作文化系统的保护与发展是一项综合性工作，需要建立一套遗产保护与发展的长效机制，这涉及农、林、牧、渔业、环保、水利、文化、旅游、住建等部门的有效协作，更有赖于政府、农民、企业、科研、媒体等多个利益相关方的通力合作。因此，如何在政府各部门之间建立一个有效的协作机制，在不同利益相关方之间建立一个多方参与的机制，是北京京西稻作文化系统保护与发展面临的机制体制上的一大挑战。

对遗产价值认识不足，对遗产保护意愿不强烈。虽然京西稻、御塘稻具有较高的品牌价值和影响力，但尚未上升到农业文化遗产的高度，且缺乏综合价值（粮食安全、生态价值、景观价值、休闲娱乐价值、文化价值等）方面的研究。另一方面，尽管地方政府大力支持，但是当地农民对遗产价值并没有充分认识，对遗产保护也没有强烈的意愿。如何提高当地农民对遗产价值的认识、增加其对遗产系统的认知感和自豪感、增强其对遗产系统的保护意愿，也是北京京西稻作文化系统保护与发展中所面临的一个挑战。

农业文化遗产的发展面临着自然、市场等多重风险。京西水稻的种植对水资源的依赖性比较大，在北京地表、地下水资源越来越紧缺的情况下，京西水稻的发展实际上受到很大的制约。同时，由于农村地区具有较强的相似性，在发展生态农产品和休闲旅游的过程中，产品趋同性高，因此市场竞争激烈，市场风险较大。

（三）
保护与发展途径

1. 已采取措施

（1）逐步恢复水稻种植面积

　　20世纪80年代初，海淀区隶属系统由"农口"转为"城口"。在"农"转"非"的过程中，海淀区大部分稻田改为建设和林业用地，少部分稻田辟为公园。成为公园后，土地性质发生变更，由归口乡镇转为区园林绿化局所属。玉泉山下建成公园后，先后恢复稻田300亩。北坞公园也有5亩稻田。巴沟山水园公园开辟了3亩稻田。区园林绿化局所属的国家级翠湖湿地公园还种植了200亩艺术稻。

巴沟山水园景观稻（王东向/摄）

目前，海淀区投入巨资实施三山五园地区的村落改造，搬迁了玉泉山下原稻田内的部分建筑，并进行了环境综合整治，玉泉山与颐和园之间的大部分原稻田已在政府掌控的绿地范围内。2015年政府投资1.85亿元在此建设园外园公园，并投资3亿多元搬迁了园中的机修厂、会所、苗圃和河道管理所等，园中规划了绿地、池塘、园林景观设施和300亩稻田，这为今后全面恢复这处最重要的京西稻原生地核心区稻田提供了可能性。海淀区政府还投资3500万元在海淀北部地区发展京西稻，计划进一步扩大京西稻的种植面积，并辅之以菜花种植，打造京西稻农业观光旅游产品。六郎庄地区也在进行新的规划，新规划区不再扩建高尔夫球场，而是计划在保持六郎庄村核心区基本格局外，恢复部分稻田。

（2）大力发展生态农产品

面对水稻种植面积大量压减、稻农种植技术不规范、水稻品种老化、稻米品质下降等问题，海淀区上庄镇农业综合服务中心建立京西稻米标准化生产基地，开展无公害水稻生产技术创新试验示范，构建京西稻标准生产体系。2006年，在海淀区技术质量监督局的大力帮助下，上庄镇建设了3个水稻标准化生产示范基地，生产规模达2 668亩。

2006年以来，上庄镇水稻标准化生产基地、西马坊村水稻标准化基地多次被海淀区评定为"先进标准化基地""社会主义新农村建设优秀标准化基地"，其产品广受欢迎，甚至供不应求。通过建立水稻标准化生产体系，海淀区探索出水稻绿色生产的技术规范，保证了京西稻品牌健康发展，并获得了较好的经济效益。

上庄西马坊稻田（王东向/拍摄）

京西稻礼品盒（卢长江/提供）

房山区为高庄玉塘稻注册"御塘泉"商标，将其列入北京市农产品地理标志资源普查库，积极申报国家地理标志保护产品；连续六年对水稻良种种植实行补贴，保护农户种植水稻的积极性。房山区积极推广优良水稻品种，开展水稻育秧、施肥、病虫草害综合防治的技术指导，如采用人工除草和使用有机肥的方式进行无公害农产品生产，并通过农家乐、商标认证等方式为消费者提供健康食品。

高庄"御塘泉"注册商标与产品包装（焦雯珺/摄）

（3）留住难以忘记的乡愁

早在20世纪80年代初，海淀区北部苏家坨京西稻腹地就建立了全市第一家由农民兴建的公园——稻香湖公园。为让后人不忘京西稻的历史，海淀区将坐落在巴沟稻田上新建的小区取名为稻香园，后又分为稻香园南里和稻香园北里；将横跨稻香园西里和北里之间的路桥起名为稻香园桥。

稻香园南社区（王东向/摄）

20世纪90年代，在苏家坨稻香湖公园旁边，兴建起一座酒店，其名为稻香湖畔酒店。2004年，为举办亚洲教育论坛大会，这里又兴建了一座五星级酒店，取名为稻香湖景酒店。

稻香湖景酒店（王东向/摄）

从2004年起，为配合中关村科技园区建设，营造北京奥运场馆周边的良好环境，为海淀300多万居民再提供一处大型绿色休闲公园，同时也作为紧急时期居民避险地，海淀区委区政府在六郎庄村东稻田上又兴建了一座40万平方米的"海淀公园"。2004年5月，海淀公园开辟了一亩三分地种植京西稻，组织"禾田牧耕品乡趣插秧活动"，吸引中小学学生和广大游客积极参与。此后海淀区连续13年举办插秧节和收割节。

海淀公园一角（海淀公园/提供）

2012年京西稻插秧节（卢长江/提供）

2013年开展京西稻儿童教育活动（卢长江/提供）

为进一步提升京西稻知名度，促进农业与文化、教育、旅游、科普相互融合，《御稻飘香》《情系京西稻》《重要农业文化遗产赋》等相关书籍陆续出版。《京西稻香》微电影以"是对一大片京西稻田进行地产开发，还是继续保留老祖宗留下的这片京西稻田"为主题，在全国首届"情系三农"微电影大赛中一举获得大赛十佳。

京西稻相关书籍（王东向/摄）

李文华院士为《重要农业文化遗产赋》题词（闵庆文/提供）

《京西稻香》获全国微电影大赛十佳证书与奖杯（卢长江/提供）

　　房山区也通过举办秋收节文化活动来延续传统节庆，邀请市民参与农事活动、学习农耕文化、体会农村风俗风貌。

房山区第三届水稻插秧节（房山区种植业服务中心/提供）

房山区第三届水稻秋收节（房山区种植业服务中心/提供）

（4）申报中国重要农业文化遗产

在北京市农业局的大力支持下，海淀区和房山区政府高度重视，成立了中国重要农业文化遗产申报领导小组，并设立专门办公室，调拨专门人员负责中国重要农业文化遗产申报与保护的相关工作。经各方努力，北京京西稻作文化系统于2015年成功入选第三批中国重要农业文化遗产。

京西稻插秧节暨摄影大赛（王东向/摄）

市民在巴沟山水园体验插秧活动（王东向/摄）

　　为加强对农业文化遗产的宣传，增加人们对京西稻作文化系统的认识，海淀区和房山区举办了多种主题活动。例如，2016年5月，在巴沟山水园（京西稻原生地）举行了"保护农业文化遗产，构建区域生态文明"为主题的重要农业文化遗产——京西稻首届插秧节及摄影大奖赛启动仪式。为满足市民的迫切希望，还举办了为时两天的水稻免费插秧体验活动。体验家庭来自本市的四面八方，约700多人参与了体验活动。

　　新建的海淀区档案馆北部馆，展厅面积500平方米，涉及京西稻的内容占一半，参观者络绎不绝，一天最多达500人。

海淀区档案馆京西稻展室（王东向/摄）

海淀区档案馆京西稻展室的一角（王东向/摄）

此外，海淀区还采用报纸、期刊和电视媒体的形式对京西稻作文化系统进行广泛宣传，包括中央农业频道、北京电视台、《北京日报》《世界遗产》、北京交通广播等，还积极利用互联网等现代信息技术，在新浪、搜狐等几十家网站上进行报道。

2. 未来行动计划

农业文化遗产是活态的、有人参与其中的遗产系统，而且是随社会发展而不断变化的特殊遗产类型，因此不能像保护一般的自然和文化遗产那样采用较为封闭的方式保护，而必须采取一种动态的保护方式。海淀区与房山区已分别制定京西稻作文化系统的保护与发展规划，从农业生态、文化与景观的保护、生态产品开发与休闲农业发展、能力建设等方面展开行动。该规划综合考虑农业生物多样性保护，传统农耕文化保护，农业、生态与旅游发展的各个方面，并划定遗产地与核心保护区范围，旨在有序开展京西稻作文化系统的保护与发展工作。

农业生态保护。开展生物多样性普查与监测、水稻种植资源库建设、农田环境监测与治理、生态农业技术示范与推广、生态补偿研究与

京西稻品种在海南的繁育基地（魏建华/提供）

实施等一系列工作，维持京西稻作文化系统内生物多样性的现有水平，做到数量种类不减少，保护多样化的农业生态系统，生物多样性，水、土壤、大气等环境资源，有效控制农业面源污染，提高农业生态系统的稳定性，强化其对恶劣环境影响的抵抗力。

农业文化保护。开展对京西稻作文化的挖掘与研究、京西水稻传统栽培技术的保护与恢复、京西稻作文化博物馆及主题公园的建设、古建筑及遗址的保护与修复、京西稻作文化系统保护系列丛书的整理与出版等一系列工作，继承和宣传京西稻作文化，增强北京人民对京西稻作文化的认同感和归属感，同时向世界推介京西稻作文化、扩大京西稻作文化的知名度。

农业景观保护。通过实施农田、水域、村落、遗址景观普查，稻田景观维护与建设、村落景观维护与保护等工作，进一步恢复、完善京西稻作文化系统内的传统文化空间，形成符合京西稻作文化传统与特色的稻田景观，保持或恢复与稻田景观相协调的村落景观，并尝试打造与传统文化景观相协调又有新意的景观类型。

海淀区长乐村稻田画（郝利峰/提供）

生态产品开发。依托相关单位，通过农产品品牌的打造、稻米产品及其他农产品质量安全的提升、生态农业产业链的延伸、农业生产规模的扩大等措施，实现京西稻作文化系统内稻米等生态农产品得到全面开发、生态农业产业链初步形成、农业生产规模化效益初现。主要行动包括：打造区域公共品牌，推动无公害、绿色和有机稻米生产，加强稻米产品质量安全监管，延伸生态农业产业链，推进水稻的规模化、产业化发展等。

休闲农业发展。通过旅游基础设施与服务体系的完善、特色旅游商品的开发等，将京西稻作文化系统打造成为北京市的旅游知名品牌，遗产地成为集生态观光、休闲体验和教育实践于一体的稻作文化旅游地。主要行动包括：打造知名农业休闲旅游景点，完善旅游基础设施与服务体系，建设民俗村与星级民俗户，建设农业文化遗产主题餐厅，开发特色旅游商品等。

快乐农庄及稻田照片（上庄镇/提供）

在稻香小镇体验传统稻米加工方法（王东向/摄）

　　能力建设。建立多部门协作机制和多方参与机制，全面提升遗产地政府、企业和农民的农业文化遗产经营管理能力，遗产地管理人员、企业家、社区居民与农民的文化自觉能力。主要措施包括：建设农业文化遗产保护与管理网络，鼓励并支持新型农业经营主体，组织参与农业文化遗产研讨培训，加强科技支持与指导，组织参与遗产地间的交流访问；建立农业文化遗产传承人制度，成立农业文化遗产保护社区性组织，打造农业文化遗产保护与发展示范户，编写乡土教材以及强化对中小学生的农业与生态科普教育活动等。

附录

北京京西稻作文化系统

附录1　旅游资讯

海淀京西稻保护区

1. 交通条件

北京市海淀区属于城区范畴。境内路网密集，交通便利。京西稻稻田紧邻三环、四环、五环，最远的不超六环。京新、京藏、京开、京石、京沪、京哈、京通等高速均穿境或有环路连接海淀；地铁10号线、4号线、13号线和年底开通的16号线均穿越海淀境内。从首都机场、南苑机场有地铁和多条公交可到海淀区最近的稻田，行程均为30多千米，自驾车30分钟可达；从天安门广场乘地铁50分钟可到巴沟山水园观看稻田而不用再乘公交；从首都机场、北京火车站、北京南站、北京西站、北京北站均不用倒公交，乘坐地铁均可到达巴沟山水园、颐和园西门外及海淀公园观稻。

2. 主要景点

（1）京西稻耕读文化园

京西稻耕读文化园位于海淀区上庄镇西马坊村南，2009年建园。现占地面积1 100亩，其中：稻田面积450亩，林地650亩。园区在国家京西稻农业标准化示范建设基础上，进一步挖掘和传承京西稻历史价值和文化底蕴，开发京西稻农耕文化产品，以生态景观修复、提升稻米品质为着力点，加快京西稻生产与观光休闲旅游业的融合，再创京西稻品牌影响力。

园区建设有京西稻前世今生科普文化展厅、稻田生态景观大道、稻蟹立体种养，构成稻香小镇特色主题，开展稻田认养、稻田摸蟹、品尝京西贡米粥、插秧节、收割节、亲子乐园等特色休闲活动，并进行以京西稻米为主的鲜活农产品农庄会员定制配送，使市民能够亲身体验京西稻文化，认同"生态、共享、健康"理念。

（2）翠湖国家城市湿地公园

翠湖国家城市湿地公园是北京市唯一的国家级城市湿地公园，位于海淀区上庄镇上庄水库北侧。公园占地面积约157公顷，水域面积90公顷，分为封闭保护区、过渡缓冲区、开放体验区。公园内动植物资源丰富，原生、栽植湿地高等植物348种，隶属于77科229属；野生鸟类16目38科188种；鱼类4目9科20种；两栖动物1目2科3种；爬行动物1目2科4种。开放体验区面积36.2公顷，建有文化长廊、蝴蝶谷、观鸟塔、蛙声伴客、芳草逐风、临渊观鱼、水生植物体验区、两爬观赏区、绕水芳径、临湖映眺等景点。

国家级翠湖湿地公园（海淀区史志办/提供）

海淀区翠湖湿地晚霞（海淀区档案局/提供）

（3）上庄精灵农庄

精灵农庄位于海淀区上庄镇李家坟村北。其占地面积60亩，是集餐饮住宿、休闲娱乐、垂钓、农业科技示范、就业培训、科普教育、果蔬生产、观光采摘于一体的农业观光园。2004年正式挂牌成为北京市的"农民再就业培训孵化基地"、中国农业大学农学与生物技术学院教学实习基地。园区有两大功能和特点：面对农民，开展农业科技示范、就业培训，引导传统农业向都市农业转变；面对城市居民，开展观光采摘休闲活动，为游客提供一个清新、优美的休闲园地。

精灵农庄被国家旅游局评为二星级农庄。种有黄色、紫色和绿色水稻。农庄的活动流程如下：设计师会选出一个精灵农庄的主题，小朋友可以围绕主题说出自己的一些想法，思路和建议……这些想法和建议一旦被采用，提出者可以参加精灵农庄的一次以植物为主题的免费活动，并且有能力、有兴趣的小朋友可以在家长辅助下参与到我们园区的建设中，可以推箱子，垒方块，画涂鸦等，锻炼大脑想象思维和动手能力及头脑与身体的协调能力。

（4）上庄翠湖观光农业园

上庄翠湖观光农业园分南北两个园区，北园位于海淀区上庄镇皂甲屯村北、南园位于上庄镇李家坟村南。两园均是以金秋的冬枣、冬春的草莓、春夏之交的樱桃及蓝莓观光采摘为特色，是集农业科技示范和新品种、新技术展示为一体的农业观光园。该园以田园耕作为背景，种植樱桃番茄、水果黄瓜、叶类蔬菜等30余个品种的农作物，采取货架栽培和盆景栽培等多种方式，构建了"上庄田园超市"形态。

（5）上庄蘑菇园（蓝波）

上庄蘑菇园位于海淀区上庄镇东小营村，2001年建园，占地面积120亩，是一家集食用菌和蔬菜研发、生产、采摘、餐饮、住宿、会议、拓展体验式旅游为一体的都市休闲园。园区主要以种植经营食用菌无公害蔬菜为主，已实现四季生产随时采摘，同时设有"上庄蘑菇宴"主题餐厅。"上庄"牌食用菌在超市等高端消费市场占有率超过90%，已经成为京城家喻户晓的知名品牌。

3. 推荐线路

京西稻保护区主要位于海淀区上庄镇西马坊村，紧邻北京城区，可乘坐512、575、303路公交车到上庄镇南站下车，前行右转走西马坊路，延西马坊路直行，见路标即到。若自驾车，可由北五环转京新G7高速，于北清路出口西行转上庄路，转西马坊路直行；或从北宫门行至温颐路、冷泉路口右转进入上庄路，转西马坊路直行。

4. 标签饮食

烤鸭、烤肉宛、牛头宴、涮羊肉、全素馆、烧烤虹鳟鱼、炸蚂蚱等。

5. 地方特产

京西稻、玉巴达杏、樱桃、蓝莓、冬枣、蘑菇、京白梨、传统果蔬、绅士衬衫等。

6. 旅行准备

当京城下过大雨或刮过四五级风后，蓝天白云下的京西稻巧借西山、玉泉山、万寿山及山尖上的玉峰塔和佛香阁等为背景，形成山水田林园融为一体的绝美画卷，令人心旷神怡，流连忘返。备好"长枪短炮"，骑辆脚踏车，约上几位好友，美轮美奂的京西稻照片作品就会被一张张地珍存下来。

房山京西贡米保护区

1. 交通条件

　　房山区是北京南部地区的重要空间和门户通道，区府所在地良乡距北京市区仅20千米。房山区有京原、京九、京广、京石等铁路穿境而过，107国道、108国道、京港澳高速、京昆高速、长周路、京良路连接区内外，轨道交通房山线20分钟直达市中心。从房山机场高速收费站出发，沿京昆高速达云居寺路继续行驶34.4千米，可达西河稻田；沿京昆高速达房易路继续行驶7.7千米，可达长沟稻田；沿京昆高速达云居寺路继续行驶8千米，可达高庄稻田；沿京周路行驶21千米可达石楼稻田。

2. 主要景点

（1）十渡镇西河村稻田景观

　　西河稻田位于房山区十渡镇西河村，是中国重要农业文化遗产保护基地。十渡镇素有"最美水田"之称，是房山京西贡米重要产区之一。房山水稻种植历史悠久，所附有的贡米文化系统不仅具有重要的经济价值，而且具有生物多样性保护、水源涵养、气候调节、水土保持等生态价值，它合理利用湿地水域，建设成稻田与池塘、鱼塘、河流相协共建的湿地景观，同时农民创造性地利用泉组实现平原稻田的自流灌溉。每年稻子插秧、收割时节，稻作文化节便会在十渡西河村开幕。多组亲子家庭参与抓阄分田、收割擂台、运粮争夺战等趣味亲子活动，一家老小齐上阵，让人们在体验农作的同时学习农耕文化。

十渡镇西河村稻田景观（杨文淑/提供）

（2）长沟湿地公园

长沟湿地是由长沟地区众多泉水汇集而成的，包含有南、北泉水河，龙泉湖，稻田等湿地类型。长沟镇有常年奔涌不息的泉眼上万个，湿地面积近万亩，素有"北方水乡"的美誉。规划建设的国家湿地公园主要由四个功能区组成。湿地保育区，位于公园西侧，禁止游人进入，除为湿地保护及科研所必须设施外，禁止其他人工设施建设，以保证湿地生态系统的完整和最小的人工干扰。湿地展示区，位于公园东侧，重点展示湿地生态、湿地功能展示、生态旅游、文化展示等多种功能为一体的重点区域和精品区域。湿地游览区，开展以湿地景观为主体的生态游览和自然休闲活动，重点建设湿地观鸟区、滨水游览区、水上活动区、农业观光区、泉水保护游览区等。服务管理区，做好旅游接待、住宿、餐饮、会议、休闲等服务。

（3）上方山国家森林公园

上方山国家森林公园位于北京房山区境内，主峰海拔高为860米，总面积为340公顷，森林覆盖率90%以上，植物种类达625种，其中有20个变种或变型，有中国特有的独根草、青檀、蚂蚱腿子、知母等植物，有银杏、省沽油等珍稀植物。上方山具有2000年的佛教文化历史，是一座集自然、佛教和溶洞为一体的综合性的国家森林公园，更是集山、林、洞、寺、泉、馆、坑景观为一体的综合性多功能景区，被定为全国二十家示范型森林公园之一，为北京西南天然植物园绿色健身房。

（4）沃联福生态亲子农场

沃联福生态亲子农场建成于2012年，位于北京市房山区韩村河镇龙门口村，总占地面积400亩，拥有良好的自然生态环境，以发展生态环境教育、农耕文化教育、亲子教育、自然科学教育、生态农业观光为主要经营范围。

沃联福生态亲子农场是国内首家生态环境教育体验式基地。园区拥有林地、山地、平原等多样的地貌，为我们的生态环境教育、农耕文化教育、亲子教育、自然科学教育、生态农业观光游等项目提供了独特优秀的基础。现在已经建成的场馆设施有2 000平方米的环保创意手工教室、农耕文化科普馆、菌类大世界科普馆、药用植物观光园、农作物科普认知样板园、农耕体验活动区、亲子教育体验活动区、鱼乐园、森林环保教育区及光头强剧场等。未来还要建成的项目有亲子公寓，交通安全教育基地等。

（5）韩村河天开花海景区

天开花海景区位于韩村河镇天开村北，景区田块形状自然，生境丰富，植被提升潜力大，休闲游憩功能开发空间大。2016年被规划为北京市生态景观示范田，规划总面积1 000亩，重点分为大田景观种植提升工程和道路边坡，农田边界等整治管理工程。天开花海景区共有24种景观类型，以耕地、林地、边坡为主，以花产业为核心，以大地景观为舞台，融入花田游乐、美景摄影、动漫造型等元素，增加花卉品种、游乐服务设施、景观情景小品等，打造花田乐园。

（6）北京草根堂种养殖专业合作社

北京草根堂种养殖专业合作社（简称草根堂）成立于2011年3月，注册资金100万，地址位于北京市房山区石楼镇大次洛村西青年路西侧，经营土地面积2 300亩，办公区域面积1 500平方米，中药材加工区域面积2 200平方米。

草根堂以种养殖为支撑，努力构建科技型、创新型农产品（蜂蜜、中药养生茶、杂粮、野生菌等）、中药材精深加工产业，加快推进合作社向农业龙头企业转变。其以打造品牌为核心，发展壮大合作社，一方面带动本地区产业的快速发展，进一步提升产业基础设施条件；另一方面有利于生产操作，提高商品质量，增强抗御自然灾害的能力，拓宽市场流通领域，促进产业发展，达到农民增收的目的。

（7）北京惠欣恒泰种植专业合作社

位于琉璃河镇东南召村的惠欣恒泰农民专业合作社，以蔬菜、花卉种植为主，集设施、循环、生态、节水等科技于一身。园区采取太阳能真空管保温技术，园区内的63个大棚年产果蔬近千吨，让市民一年四季都能采摘，不仅为市民提供了优质安全的农产品，也为市民提供了一个良好的环境和休闲场所。

目前，该社拥有蔬菜品种近20种，并且作为房山区"三小工程"承办单位之一，发展阳台蔬菜、水果、花卉。合作社委托"龙乡腾飞"联合社共同为合作社搭建服务平台，展售房山区优质农产品，促进农民增收。

3. 推荐线路

京西贡米核心区位于房山区西南，包括长沟镇的东良村、坟庄村、沿村、东甘池村、西甘池村，大石窝镇的岩上村、高庄村和十渡镇的西河村3镇8村。高速公路直通种植区，可驱车自驾直达。

到东良各庄村，可从房山机场高速收费站出发，沿京港澳高速行驶，至琉璃河收费站下，行驶至岳琉路，总行程39.9千米；到高庄稻田，可沿京港澳高速行驶，至京周路，到京昆高速行驶至长沟收费站，沿云居寺路继续行驶，总行程44.2千米。到十渡西河，可沿京港澳高速行驶，至京周路，到京昆高速行驶至张坊收费站，沿涞宝路继续行驶，总行程71.3千米。

4. 标签饮食

烤羊排、烤鳟鱼、炸香椿鱼、炸油香、羊杂焖小米饭等。

5. 地方特产

御塘贡米、磨盘柿子、十渡鲟鱼、良乡板栗、食用菌等。

6. 旅行准备

房山位于北京的西南，独特的地质条件和丰富的森林资源使得这里成为天然的氧吧，核心种植区的天然泉眼等优质自然环境，为京西稻提供了得天独厚的生长环境。每年京西稻生长的时节，带上老人孩子，约上三五好友，备好帐篷听虫鸣，奔跑在稻田里，让灵魂在自然里放松。

附录2　大事记

海淀京西稻大事记

西周《周礼·职方氏》记载："幽州……谷宜三种"，对这三种谷物，汉郑玄注为"黍、稷、稻"。

东汉时期，《后汉书·张堪传》："乃于狐奴（今顺义县前后鲁各庄等地）开稻田八千余顷，劝民耕种，以致殷富。"这是对北京开垦种植水稻历史的明确记录。古时海淀泉多泊阔，与东汉时期"清泉横溢、绿水漫流"的狐奴县地貌相似、气候相宜，直线距离仅40多千米，再加上八千顷稻田面积的影响，海淀种稻年代与顺义应大致相同。

三国曹魏齐王嘉平二年（250年），魏镇北将军刘靖主持修戾陵堰，开车箱渠。戾陵堰在今石景山附近，车箱渠沿今八宝山北麓开凿。自引永定河（当时称灅水）水经车箱渠入高粱河，灌溉蓟城以北大片农田，"三更种稻"。

曹魏元帝景元三年（262年），樊晨主持改造戾陵堰，并延伸高粱河水道，灌溉面积为初建时的5倍以上，促进了水稻的发展。

西晋惠帝元康五年（295年）六月，戾陵堰被洪水冲毁。镇守幽州的刘靖少子刘弘继承父志，主持修复工程，仅用五六个月即完工，恢复了戾陵堰和车箱渠的功能，对水稻生产起到了稳定作用。

北齐后主天统元年（565年），镇宁幽州的斛律羡主持扩建蓟城高粱河灌区。该灌区引高粱河水，北合易荆（今温榆河上游）、东会于潞（今潮白河），灌溉农田，促进了当地的农业的恢复和发展。

唐代幽州城西北郊为当时水稻种植的主要地区之一。

金章宗泰和五年（1205年）正月，调山东、河北、中都等地军夫改治中都漕运河道。今人考证，是年前后于海淀镇西南一带台地开凿引水渠，引（今昆明湖）水入高粱河上源（今紫竹院一带）。这是北京历史上自西北郊玉泉山方向引水入城的开端。其促进了沿河稻田的发展。

金代太宁宫（即后来的万宁宫）旁的泉水溉田，"岁获稻千斛"，稻田收获量较高，当时已成为权贵豪民争夺的对象。金宣宗贞祐年间在中都周围开辟水田。

元代至元二十九年（1292年），水利学家郭守敬开通通惠河，为海淀农民种植水稻创造条件。最早开挖的通惠河自昌平县白浮村神山泉经瓮山泊（今昆明湖）至积水潭、中南海等河湖，最终入潞河（今北运河故道），全长82千米。元代时期京西水稻种植得到官府支持，曾引南方人进行耕种。随着通惠河的修治，稻田更有所发展。

明代海淀玉泉山一带的水稻种植得到大规模发展。明朝迁都北京后，周边稻作生产开始供应宫廷。引南方人进行耕种。近郊海淀、西湖、青龙桥、草桥等地，都有连畦的水田，形成一定规模。

清代康熙十四年（1675年），康熙皇帝亲赴玉泉山观禾，后选定在海淀一带修建园林。《畿辅通志》记载，康熙皇帝在丰泽园稻田巡视时发现一株高出众稻的成熟稻穗，便将这株早熟的稻穗摘下来，经过十年复种，培育出早熟品种"御稻米"。三山五园及各地多有种植，成为当时京西稻的主要品种。清代康熙皇帝所创的这种育种技术名为"一穗传"，即从现有品种群体中选出一定数量的优良个体，分别脱粒和播种，每个个体的后代形成一个系统，通过试验鉴定、选优汰劣，育成新品种。"一穗传"开创了水稻栽培的新方法，是中国水稻选种、育种，也是京西稻栽培技术体系中最具代表性的技术。康熙皇帝使用"一穗传"培育出的"御稻米"具有高产、早熟、质佳、适应性广等特点。

康熙十九年（1680年）至康熙四十八年（1709年），畅春园、静明园、清漪园修建完毕，圆明园处初建中，四个皇家园林均种植京西稻，面积达几百亩。

康熙五十三年（1714年），在青龙桥设稻田厂及其仓署，又在功德寺和六郎庄各设官场一处，在玉泉山、金河、蛮子营、六郎庄、长河、黑龙潭等地开辟官种稻田。

康熙五十三年（1714年）在青龙桥设稻田厂，仓署在玉泉山之东的青龙桥，又在功德寺和六郎庄各设官场一处，将六郎庄、圣化寺、泉宗庙、玉泉山和长河两岸、蛮子营等地设为官种稻田。

雍正三年（1725年）玉泉山稻田场归并奉宸苑管理。

清代乾隆下江南时，带来水稻品种紫金箍，种在二龙闸到长春桥河堤以东一带，时至今日海淀稻田仍有种植。

乾隆二十八年（1763年），曹雪芹在家庭遭变故败落以后，住在西郊香山一带，用10年时间完成文学巨著《石头记》即《红楼梦》，书中提到的胭脂米（御稻米）曾在海淀种植。

清代慈禧也曾下旨将颐和园外半里垦为稻田，北坞、蓝靛厂、巴沟一带的稻田均划入御用范围。

新中国成立前，京西稻主要分布在海淀山前地区，共1.32万亩，亩产约150千克。

1949年5月17日，为解决西郊水利问题，北平市政府决定组建西郊水利管委会，调剂城乡用水，并规定在京西稻插秧期间，玉泉山、昆明湖的水暂不供城内使用。

1951年2月14日，全区开始进行土地登记、审契、丈地、缮证工作。7月上旬开始发土地证。稻农生产积极性得到提升。

同年，在北京市农作物亩产新纪录中，海淀区多种农作物产量榜上有名。肖家河李志兴互助组7亩丰产田，平均亩产673.5千克，创京郊水稻单产最高纪录。

1953年8月13日，紫竹院原有14万平方米的水面，因多年淤积，成为稻田，从即日起修复成大湖。

同年10月18日，《北京日报》报道，京西水稻今年获得丰收，比去年增产一成多。

1957年，玉泉社的3.83亩水稻亩产达642.5千克，创郊区单产最高纪录。

1958年5月21日，在玉泉农业生产合作社召开了水稻插秧机使用现场会。

同年8月16日，中共中央副主席、国务院总理周恩来，副总理贺龙陪同柬埔寨西哈努克亲王到玉泉农业生产合作社（现四季青乡北坞村）参观。他们访问了两户社员，参观了社办企业、稻田和食堂。

从50年代起，由于海淀所产京西稻米质优良，国家统一收购，入库稻谷按等级收购，以一、二级为标准、入西直门粮库，由粮库加工成"特供"大米，作为中央机关用米。

1961年10月2日，全国人民代表大会常务委员会副委员长、北京市市长彭真陪同古巴总统多尔蒂科斯参观访问四季青人民公社。他们参观了公社机械修理厂、菜地和社员家庭，还参观了六郎庄的稻地。

1963年，由于京密引水渠部分区段通水，海淀水稻由山前扩大到山后。

1965年起，海淀区北部地区京西稻种植面积超过南部地区。全区种植京西稻面积49 369亩。

1966年，京密引水渠全线贯通，海淀北部地区京西稻种植得以快速发展并成为主产区。海淀区北部地区京西稻种植面积达2.83多万亩，比南部地区高出36%。20世纪60年代中期开始，海淀区实现了水稻种植重心移向北部的发展目标。

1976–1979年，经海淀区农科所技术人员三年系统选育、提纯复壮，培育出"越富系三"品种。该品种抗倒伏，产量稳定，口感好，一般亩产450千克，很快成为海淀区水稻当家品种。

1984年，海淀区三级稻种繁育体系建设获得成功。

1988年，推行水稻盘育秧、机插秧新技术，农艺与农机相配合，提高劳动效率，解放了生产力。

1988年，"越富系三"水稻在全国农副产品展销会上评为优质米。京西稻60%列为特供，平均每年为首都提供1万多吨特供米，成为首都稳定的特供米生产基地。

1988年，海淀区农林局在海淀乡青龙桥大队和玉泉山队，搞了两批共2430亩露地规格化育苗的实验，解决了卷苗宽度不符合机插的要求，试验获得了成功。海淀区水稻机插秧面积占全市的94.5%以上，机插秧水平在全市乃至在全国名列前茅。

1989年，北京市农机局和农林办公室在海淀区召开了现场会，对水稻机插秧工作给予充分肯定。全区6万余亩水稻连续多年实现机插率达

95%左右。

1990年，第十一届亚运会在北京召开，海淀区支援京西稻500吨。

1992年，东北旺、上庄、聂各庄、永丰、苏家坨5个乡生产的稻谷被国家农业部评为"绿色食品"，成为营养型、无污染的安全食品，为京西稻增添一道光彩。

1993年5月29日，北京市副市长段强带领市农口领导及种植水稻的区、县到海淀区召开现场会，推广海淀区水稻机械插秧管理经验。

1991年，水稻露地规格化育苗获得了北京市科技进步三等奖。

1992年，"越富系三"荣获首届中国农业博览会优良品种奖。

1993年，京西稻被农业部评为绿色产品。

同年，京西稻在首届中国农业博览会上被评为银质奖。

1993年，"越富系三"荣获北京市"星火计划"二等奖。

1995年，京西稻在第二届中国农业博览会上被评为金奖。

2000年，六郎庄村3 000多为亩京西稻调整为林地，仅保留17亩稻田。本年全区压缩水稻面积45 149亩，压减比例达81%。

2003年，全区粮食面积比1999年减少60.5%，其中水稻面积减少了92.4%，而果树面积则增加了61.5%。

2004年5月，海淀公园开辟一亩三分地种植京西稻，组织"禾田牧耕品乡趣插秧活动"，吸引中小学学生和广大游客积极参与。

2006年，在海淀区技术质量监督局的大力帮助下，上庄镇建设水稻标准化生产示范基地3个，水稻生产规模2 668亩。

2007年4月11日，经中国绿色食品发展中心审核认定，"淀玉"牌京西贡米被评为绿色食品A级产品，许可使用绿色食品标志。

2008年，海淀区水稻面积减至1 783亩，仅占鼎盛时期的1.8%，京西稻处于濒危状态。

2009年4月25日，京西稻种植技艺进入海淀区级非物质文化遗产《京西水稻种植技术》名录。

同年9月28日，上庄镇京西稻经过3年农业标准化示范区建设，经专家组验收，成为"国家级京西稻农业标准化示范区"。

2010年，在海淀区上庄水稻育种基地，洪立芳、李增高等水稻科技人员用5年培育出上香1号新品种，在2014年3月第十三届全国粳米大会暨优质食味粳米峰会上被专家组评为"优质食味粳米"。

2011年，"京西稻杯"面向全国征稿，举办"诗赋词曲联"大奖赛，应征作品6 000余首，从中选出获奖作品1 000余首，汇编为《御稻飘香》正式出版。

2011年9月2日，北京市海淀区上庄镇农业综合服务中心承建的水稻生产标准化示范区通过验收，颁发《国家农业标准化示范区验收合格证书》。

2013年，京西稻（784）新品种在天津粳稻食品研究中心鉴定中食味值均名列前茅。

2014年2月8日，《京西稻香》微电影在全国首届"情系三农"微电影大赛中一举获得大赛十佳。

2014年，海淀区农委发布《关于成立海淀区农委京西稻种植工作领导小组的通知》（海农发[2014]5号），制定《京西稻保护性种植规划》。

2015年2月，北京市海淀区上庄镇农业综合服务中心获农业部颁发《农产品地理标志登记证书》，准予登记并允许在农产品或农产品包装物上使用农产品地理标志公共标识。

2015年6月9日，经海淀区农委批准、区民政局登记注册，北京市海淀区京西稻文化研究会取得社团法人资格证书。

2015年11月，农业部在江苏省泰兴市发布第三批中国重要农业文化遗产，"北京京西稻作文化系统"（含海淀、房山两个保护区）成功入选。

2016年6月，海淀区档案馆新馆展室对外开展，布展面积250平方米，京西稻内容占50%。

2016年9月，"京西稻"通过2015年国家级农产品地理标志示范样板创建验收。

2016年，海淀区在玉泉山下的北坞公园又恢复稻田150亩。

房山京西贡米大事记

西周时期（前1046—前771年），今房山地区农业生产工具以石器为主，其中有石杵、石镰，始有青铜镢、青铜缀等工具（农具）的制作和使用。始有水稻种植。

战国时期（前476—前221年），今房山地区农业生产中开始使用犁、镰、铲、笓、镐等铁质农具。粮食作物有粟、麦、稷、黍、稻等。

汉广阳、良乡等地犁铧、锄头、镰刀等农具使用普遍，农业生产水平有了明显的提高，主要的农作物有稷、麦、稻、桑、麻等。

辽统和二十一年（1003年）七月己丑，卢沟河泛滥成灾，沿河两岸禾稼荡然无存。

元延祐元年（1314年）六月，浑河溢，大水淹没良乡县民田490多顷。

明清，太行山和燕山山麓平原地区的稻作发展较为稳定，一般在地方官的主持和倡导下，兴修水利种稻。

清代房山县的长沟、甘池、高庄等数十村庄产稻。甘池村西有泉，下游为甘河，两岸产稻。高庄等引玉塘泉灌溉稻田300余亩，所产稻称为玉塘米，珍贵异常。房山县还出石窝稻，色白味香美。

清雍正时在涿州西北引拒马河、胡良河之水，营稻3 006亩。其后仍继续种稻。乾隆《涿州志》卷八称："今涿之西北乡郡村等处自水利营田后，广开稻腾，白集不减江浙。"

雍正时引拒马河、挟河之水在县之西南营稻田2 644亩。

雍正时引永定河之水在宛平县卢沟桥西北修家庄、三家店等处营稻田1 600亩。种稻法是在河硬地带开渠，引水留泥淤成田，第二年五月河水涓细时，通水而上，借以插秧。

乾隆时直隶总督高斌，还奏请在桑乾河两岸开大渠、引水治稻田。

道光时吴邦庆《泽农要录》卷三称:"宛平、涿州、房山之间,有种名御稻米者,色微红而粒长,气香而味腴,四月插秧,六月可熟,土人甚珍之。"此种出于皇庄丰泽园水田,康熙时育成后向京师附近推广种植。

1960年2月21日,北京市农林水利局召开种子工作会议。落实此次会议精神,本地开始有计划地繁殖种子,包括水稻(水源300粒、北京1—10号)。

1970年粮、棉、油、菜增产幅度显著增大。粮食作物中增产最多的是水稻,平均亩产278.5千克,位居全市第五名。

1976年12月,房山县长阳农场科技站试种杂交水稻比对照的"早丰"增产8%~41%。一年试种结果表明,杂交水稻比常规水稻根系发达,分蘖力强,穗大粒多,长势旺。

1981年3月,房山县成立小麦、玉米、水稻顾问团。

1984年,房山区引进生物农药井冈霉素防治水稻纹枯病试验,并取得理想防治效果。

1989年,南韩继、坨头双创"吨粮村"。南韩继村有1 014亩粮田,粮食总产1 035吨,达到连续8年亩产吨粮;坨头村有2 950亩粮田,小麦单产446千克,水稻单产680千克,创历史最好水平,实现亩产吨粮。

同年,石楼乡获区粮食高产4项奖,包括:水稻高产奖,单产550千克;稻麦双高产一等科学技术进步奖,平均亩产1 107.1千克。

同年,房山区农科所引进水稻插秧机,在石楼乡吉羊四分场进行30亩水稻机插秧示范。

同年,房山区引种"秦爱"陆生稻,引种面积达5 000亩。

1991年,双磨村50亩水稻旱育稀植试验成功,平均亩产达到650千克,比常规种植的水稻每亩增产200千克以上。

1992年,麦茬稻机播旱育苗技术成功,比传统育苗每亩节约用种3.5千克,节支7元。全区试种1 600亩,节约开支1.1万元。

1994年6月,房山稻区水稻蝗虫发生严重,发生面积达2万亩。

2014年,房山区水稻种植面积156.3亩,涉及农户47户。

2015年6月,在房山区政府的大力支持下,种植业服务中心正式启动了京西稻作文化系统发掘工作，与海淀区联合申报中国重要农业文化遗产。

2015年10月，"北京京西稻作文化系统"成功申报中国重要农业文化遗产，房山稻作区被农业部认定为"房山京西贡米保护区"。

2015年11月7日，房山稻作文化节在十渡西河村开幕。

2016年6月25日，稻田插秧节在十渡镇西河村举行；10月13日，稻田收割节在十渡西河村举行。

2016年11月，大石窝镇高庄稻田启动系统化规划设计。

1. 全球重要农业文化遗产

2002年，联合国粮农组织（FAO）发起了全球重要农业文化遗产（Globally Important Agricultural Heritage Systems, GIAHS）保护项目，旨在建立全球重要农业文化遗产及其有关的景观、生物多样性、知识和文化保护体系，并在世界范围内得到认可与保护，使之成为可持续管理的基础。

按照FAO的定义，GIAHS是"农村与其所处环境长期协同进化和动态适应下所形成的独特的土地利用系统和农业景观，这些系统与景观具有丰富的生物多样性，而且可以满足当地社会经济与文化发展的需要，有利于促进区域可持续发展"。

截至2017年3月底，全球共有16个国家的37项传统农业系统被列入GIAHS名录，其中11项在中国。

全球重要农业文化遗产（37项）

序号	区域	国家	系统名称	FAO批准年份
1			中国浙江青田稻鱼共生系统 Qingtian Rice–Fish Culture System, China	2005
2	亚洲	中国	中国云南红河哈尼稻作梯田系统 Honghe Hani Rice Terraces System, China	2010
3			中国江西万年稻作文化系统 Wannian Traditional Rice Culture System, China	2010

续表

序号	区域	国家	系统名称	FAO批准年份
4	亚洲	中国	中国贵州从江侗乡稻-鱼-鸭系统 Congjiang Dong's Rice–Fish–Duck System, China	2011
5			中国云南普洱古茶园与茶文化系统 Pu'er Traditional Tea Agrosystem, China	2012
6			中国内蒙古敖汉旱作农业系统 Aohan Dryland Farming System, China	2012
7			中国河北宣化城市传统葡萄园 Urban Agricultural Heritage of Xuanhua Grape Gardens, China	2013
8			中国浙江绍兴会稽山古香榧群 Shaoxing Kuaijishan Ancient Chinese *Torreya*, China	2013
9			中国陕西佳县古枣园 Jiaxian Traditional Chinese Date Gardens, China	2014
10			中国福建福州茉莉花与茶文化系统 Fuzhou Jasmine and Tea Culture System, China	2014
11			中国江苏兴化垛田传统农业系统 Xinghua Duotian Agrosystem, China	2014
12		菲律宾	菲律宾伊富高稻作梯田系统 Ifugao Rice Terraces, Philippines	2005
13		印度	印度藏红花农业系统 Saffron Heritage of Kashmir, India	2011
14			印度科拉普特传统农业系统 Traditional Agriculture Systems, India	2012
15			印度喀拉拉邦库塔纳德海平面下农耕文化系统 Kuttanad Below Sea Level Farming System, India	2013

序号	区域	国家	系统名称	FAO批准年份
16	亚洲	日本	日本能登半岛山地与沿海乡村景观 Noto's Satoyama and Satoumi, Japan	2011
17			日本佐渡岛稻田-朱鹮共生系统 Sado's Satoyama in Harmony with Japanese Crested Ibis, Japan	2011
18			日本静冈传统茶-草复合系统 Traditional Tea-Grass Integrated System in Shizuoka, Japan	2013
19			日本大分国东半岛林-农-渔复合系统 Kunisaki Peninsula Usa Integrated Forestry, Agriculture and Fisheries System, Japan	2013
20			日本熊本阿苏可持续草地农业系统 Managing Aso Grasslands for Sustainable Agriculture, Japan	2013
21			日本岐阜长良川流域渔业系统 The Ayu of Nagara River System, Japan	2015
22			日本宫崎山地农林复合系统 Takachihogo-Shiibayama Mountainous Agriculture and Forestry System, Japan	2015
23			日本和歌山青梅种植系统 Minabe-Tanabe Ume System, Japan	2015
24		韩国	韩国济州岛石墙农业系统 Jeju Batdam Agricultural System, Korea	2014
25			韩国青山岛板石梯田农作系统 Traditional Gudeuljang Irrigated Rice Terraces in Cheongsando, Korea	2014
26		伊朗	伊朗喀山坎儿井灌溉系统 Qanat Irrigated Agricultural Heritage Systems of Kashan, Iran	2014

续表

序号	区域	国家	系统名称	FAO批准年份
27	亚洲	阿联酋	阿联酋艾尔与里瓦绿洲传统椰枣种植系统 Al Ain and Liwa Historical Date Palm Oases, the United Arab Emirates	2015
28		孟加拉	孟加拉国浮田农作系统 Floating Garden Agricultural System, Bangladesh	2015
29	非洲	阿尔及利亚	阿尔及利亚埃尔韦德绿洲农业系统 Ghout System, Algeria	2005
30		突尼斯	突尼斯加法萨绿洲农业系统 Gafsa Oases, Tunisia	2005
31		肯尼亚	肯尼亚马赛草原游牧系统 Oldonyonokie/Olkeri Maasai Pastoralist Heritage Site, Kenya	2008
32		坦桑尼亚	坦桑尼亚马赛游牧系统 Engaresero Maasai Pastoralist Heritage Area, Tanzania	2008
33			坦桑尼亚基哈巴农林复合系统 Shimbwe Juu Kihamba Agro-forestry Heritage Site, Tanzania	2008
34		摩洛哥	摩洛哥阿特拉斯山脉绿洲农业系统 Oases System in Atlas Mountains, Morocco	2011
35		埃及	埃及锡瓦绿洲椰枣生产系统 Dates Production System in Siwa Oasis, Egypt	2016
36	南美洲	秘鲁	秘鲁安第斯高原农业系统 Andean Agriculture, Peru	2005
37		智利	智利智鲁岛屿农业系统 Chiloé Agriculture, Chile	2005

2. 中国重要农业文化遗产

我国有着悠久灿烂的农耕文化历史，加上不同地区自然与人文的巨大差异，创造了种类繁多、特色明显、经济与生态价值高度统一的重要农业文化遗产。这些都是我国劳动人民凭借独特而多样的自然条件和他们的勤劳与智慧，创造出的农业文化的典范，蕴含着天人合一的哲学思想，具有较高的历史文化价值。农业部于2012年开始中国重要农业文化遗产发掘工作，旨在加强我国重要农业文化遗产的挖掘、保护、传承和利用，从而使中国成为世界上第一个开展国家级农业文化遗产评选与保护的国家。

中国重要农业文化遗产是指"人类与其所处环境长期协同发展中，创造并传承至今的独特的农业生产系统，这些系统具有丰富的农业生物多样性、传统知识与技术体系和独特的生态与文化景观等，对我国农业文化传承、农业可持续发展和农业功能拓展具有重要的科学价值和实践意义"。

截至2017年3月底，全国共有62个传统农业系统被认定为中国重要农业文化遗产。

中国重要农业文化遗产（62项）

序号	省份	系统名称	农业部批准年份
1	北京	北京平谷四座楼麻核桃生产系统	2015
2		北京京西稻作文化系统	2015
3	天津	天津滨海崔庄古冬枣园	2014
4	河北	河北宣化城市传统葡萄园	2013
5		河北宽城传统板栗栽培系统	2014
6		河北涉县旱作梯田系统	2014
7	内蒙古	内蒙古敖汉旱作农业系统	2013
8		内蒙古阿鲁科尔沁草原游牧系统	2014
9	辽宁	辽宁鞍山南果梨栽培系统	2013
10		辽宁宽甸柱参传统栽培体系	2013
11		辽宁桓仁京租稻栽培系统	2015

续表

序号	省份	系统名称	农业部批准年份
12	吉林	吉林延边苹果梨栽培系统	2015
13	黑龙江	黑龙江抚远赫哲族鱼文化系统	2015
14		黑龙江宁安响水稻作文化系统	2015
15	江苏	江苏兴化垛田传统农业系统	2013
16		江苏泰兴银杏栽培系统	2015
17	浙江	浙江青田稻鱼共生系统	2013
18		浙江绍兴会稽山古香榧群	2013
19		浙江杭州西湖龙井茶文化系统	2014
20		浙江湖州桑基鱼塘系统	2014
21		浙江庆元香菇文化系统	2014
22		浙江仙居杨梅栽培系统	2015
23		浙江云和梯田农业系统	2015
24	安徽	安徽寿县芍陂（安丰塘）及灌区农业系统	2015
25		安徽休宁山泉流水养鱼系统	2015
26	福建	福建福州茉莉花与茶文化系统	2013
27		福建尤溪联合梯田	2013
28		福建安溪铁观音茶文化系统	2014
29	江西	江西万年稻作文化系统	2013
30		江西崇义客家梯田系统	2014
31	山东	山东夏津黄河故道古桑树群	2014
32		山东枣庄古枣林	2015
33		山东乐陵枣林复合系统	2015
34	河南	河南灵宝川塬古枣林	2015
35	湖北	湖北赤壁羊楼洞砖茶文化系统	2014
36		湖北恩施玉露茶文化系统	2015

序号	省份	系统名称	农业部批准年份
37	湖南	湖南新化紫鹊界梯田	2013
38		湖南新晃侗藏红米种植系统	2014
39	广东	广东潮安凤凰单丛茶文化系统	2014
40	广西	广西龙胜龙脊梯田系统	2014
41		广西隆安壮族"那文化"稻作文化系统	2015
42	四川	四川江油辛夷花传统栽培体系	2014
43		四川苍溪雪梨栽培系统	2015
44		四川美姑苦荞栽培系统	2015
45	贵州	贵州从江侗乡稻-鱼-鸭系统	2013
46		贵州花溪古茶树与茶文化系统	2015
47	云南	云南红河哈尼稻作梯田系统	2013
48		云南普洱古茶园与茶文化系统	2013
49		云南漾濞核桃-作物复合系统	2013
50		云南广南八宝稻作生态系统	2014
51		云南剑川稻麦复种系统	2014
52		云南双江勐库古茶园与茶文化系统	2015
53	陕西	陕西佳县古枣园	2013
54	甘肃	甘肃皋兰什川古梨园	2013
55		甘肃迭部扎尕那农林牧复合系统	2013
56		甘肃岷县当归种植系统	2014
57		甘肃永登苦水玫瑰农作系统	2015
58	宁夏	宁夏灵武长枣种植系统	2014
59		宁夏中宁枸杞种植系统	2015
60	新疆	新疆吐鲁番坎儿井农业系统	2013
61		新疆哈密哈密瓜栽培与贡瓜文化系统	2014
62		新疆奇台旱作农业系统	2015